每日三明治

[日]星谷菜菜◎著　　王添翼◎译

河北科学技术出版社

前 言

很久以前，有一位英国的贵族Sandwich伯爵非常热衷于卡片游戏，于是他便命人为他制作出一种用单手也可享用的面包夹菜食品。据说这就是"Sandwich"——三明治的由来。

自三明治问世后，这种食品流传了很多年，现在已是全球周知的食物。

虽然经历过无数次味道、形状上的变化，但是"材料简易、食用方便"的特性从Sandwich伯爵发明它的时候起，始终未变。

在制作三明治时，我始终秉承"简易、便捷"的关键点。

少油、少黄油，保证营养平衡。

在制作过程中、食用时以及食用后都能感受到健康。

这就是我一直追求的自制三明治。

除此之外，在制作之前思考"何时"、"何地"、"和谁"享用也很关键。

有时选择现做现吃的热乎乎的三明治，有时选择稍加冷藏会更美味的便当三明治。

午饭时间选择可以大口吃个痛快的大块三明治；亲朋聚会时则选择方便食用的切块三明治。

一切都是那么简单。

只要想象一下食用者的笑容，菜品自然就会在脑海中浮现出来。

本书以早餐、午餐、晚餐、零食为分类，提供给大家一些参考用的三明治菜品。

好了，接下来我们就一起走进三明治的世界吧！

C O N T E N T S

PART 05

热乎乎的精品三明治

PART 06

世界各地的三明治

PART 07

零食三明治

本书规则

大勺=15毫升、小勺=5毫升。盐的用量是使用味道较刺激的粗盐时的用量。在用盐时请根据个人口味适度调节。黄油均使用含盐黄油。如果用量中的糖没有特殊规定种类，请您随意使用家庭常用的白糖即可。芥末酱可自由选用颗粒芥末酱或者芥末膏。"适宜"则为"需要放入适当的量"，"适量"为"推荐加入"（但有无均可）。微波的加热时间参考为600瓦的微波加热环境。文内沙拉菜为圆生菜、小白菜或其他用来做沙拉的大叶蔬菜。

Bread Index

三明治所用的面包

"在面包中加入馅料"除此之外一切皆为自由发挥——这就是三明治。
只要掌握了面包的特质,做出来的三明治也可以美味倍增。
下面我们来学习一下面包的种类吧。

切片面包

特点

用于制作三明治的首选面包。口感松软,去边、不去边、直接食用、烘烤后食用等多种处理方式能够做出不同的口感。本书基本使用10片装切片面包制作三明治,有些夹入煎炸类馅料的菜品使用6片装或8片装面包片。

使用方法窍门

不同的切割方式能够做出多种花样,因此关于切割方式并没有特别固定的套路,可根据馅料、盘子风格自由操作。

法棍面包

特点

这种面包来源于法国。表皮焦脆,含油量少,易变干。适用于水分、油分较多的馅料,这一点是切片面包无法比拟的。馅料的水和油会被法棍面包充分吸收,很易于食用,适合制作便当三明治。将面包切成小块,涂上馅料便可做成零食三明治,非常方便。

使用方法窍门

将法棍纵切时,切口稍偏斜,深深切入。这样可以更方便夹入馅料。

面包圈

特点

面实,口感厚实,适用于搭配口味浓郁、酱状的馅料。同时也很适合夹入蔬菜,制作美式三明治。

英格兰松饼

特点

烘烤之后外焦里嫩。切成2半夹入馅料可做成类似汉堡的三明治，也可将单片抹上馅料，做成单层三明治。

使用方法窍门

①切开时不要用刀，用叉子扎入，之后沿边豁开才是正确的操作方法。

②切好后用双手掰开。中间的断面凹凸不平，馅料的味道可以浸到松饼上。口感独特。

玉米粉圆饼

特点

墨西哥、美国地区常见的食品，制作原料为玉米面粉。由于很薄，适用于主吃馅料的时候食用。做便当时，把馅料和圆饼分开装，吃的时候再夹在一起。

使用方法窍门

卷馅料时，把底部的两边折进去再卷这样馅料不容易掉出来。

口袋饼（也叫口袋面包）

特点

中东地区经常食用的面包。中空结构，切成2半后形成口袋状，夹入馅料食用。切片面包和法棍面包不好夹的馅料均可用口袋饼来解决。

热狗面包

特点

市面上常见的面包。款式经典，味道朴实，与肉类馅料是绝佳搭配。

Cooking Technic

让三明治更美味的窍门

正因为简单，所以才能千变万化。
特别推荐6种制作窍门。
只要改变这一小步，三明治的美味便会出现质的飞跃！

根据馅料，选择烘烤或者直接食用

这种选择基本上可以根据个人口味和喜好来判断。但是味道较强、素材多样的馅料更适合搭配烤过的面包。外焦里软的口感和烤面包的香味可以提升三明治的可口度。

冰水泡叶菜，更加新鲜可口

圆生菜、卷心菜、沙拉菜等在冷水中浸泡10分钟可以提鲜。之后需要把水彻底沥干净（推荐使用笸箩或洗菜蓝P36）。

蔬菜需要彻底沥干水

水分是面包的敌人。除了叶菜，黄瓜、洋葱、番茄等蔬菜也需要用厨房用纸擦掉水分才好。

少许油分可成为防水保护膜

在面包上薄薄地涂抹一层黄油或奶油，可形成油膜，防止蔬菜、馅料的水分浸入面包。尤其在制作冷藏用的三明治时，此工序极为重要。

保鲜膜与屉布防止干燥

面包干燥后会变形、失去味道，因此在放置时请用保鲜膜或屉布盖住防止干燥。包装便当时推荐用蜡纸。

立着刀身切面包

切三明治时，单手按住三明治，另一只手尽量保持刀身立起，这样可避免面包被切烂。另外，在切三明治之前用刀蘸一下热水，可以防止馅料粘在刀刃上。

Everyday Sandwiches

PART

01

Basic Egg , Tuna , Ham
Sandwich Recipe

简单美味的基础三明治

鸡蛋、金枪鱼、火腿是大众最爱的3种馅料。

材料方便购买，使用范围也广。

在此，特别为大家介绍多种基础三明治款式。

同时为有制作三明治基础的朋友们提供一些进阶版的菜品。

EGG SANDWICH

鸡蛋三明治

001 Egg sandwich

Basic ▶ 鸡蛋三明治

煮鸡蛋时间不要过长，在口感柔滑的鸡蛋中加入少量蛋黄酱和牛奶。这种清淡爽滑的馅料让你充分享受鸡蛋最原本的味道。

材料（2人份）

切片面包……………… 4片
鸡蛋……………………… 2个
蛋黄酱………………… 1大勺
牛奶…………………… 2小勺
盐、胡椒……………… 各适量

制作方法

❶ 烧开热水，加入少量食盐，轻轻放入生鸡蛋。火候调节至鸡蛋在沸水中稍稍摇动的程度，煮10分钟。然后在冷水中去壳。

❷ 将去壳的煮鸡蛋放入碗里，用打蛋器搅碎。加入蛋黄酱、牛奶搅拌。之后放入盐、胡椒调味。

❸ 在2片面包片上各摆上步骤❷，再分别跟另2片面包片夹紧，2份三明治就做好了。

要点

加入牛奶可以让碎鸡蛋黏稠，这样即使放入少量的黄油也不会使鸡蛋沫太松散。

002 Over-easy egg sandwich

Arrange ▶ 半熟煎蛋三明治

外焦里嫩的切片面包搭配鲜脆的圆生菜，
还有半熟鸡蛋的简单组合。
加上诱人食欲的咖喱味。
味道绝妙，口感十足。

材料（2人分）

切片面包……………………	4片
色拉油……………………	1小勺
鸡蛋……………………	2个
A 蛋黄酱……………………	2小勺
伍斯特酱…………………	小半勺
咖喱粉……………………	¼小勺
圆生菜……………………	2片

制作方法

❶ 平底锅中加入色拉油，中火加热。打入鸡蛋（让蛋黄在蛋清中心位置）。盖上锅盖，小火煎1分半钟，翻面再煎1分半钟。轻轻戳蛋黄部分，确认有弹性则关火。

❷ 稍稍烘烤面包，将充分搅拌过后的A涂在上面，并加入圆生菜叶和步骤❶的煎蛋。

要点

煎蛋太硬或太软都会使口感下降。为了让中间半熟，则需要双面煎。煎蛋过程中请随时确认蛋黄的状态。

003 Omelet sandwich

Arrange ▶ 蛋卷三明治

蛋卷在半熟时夹入面包即可自然成形, 面包也会被自然加热,
简直就是自然天成的菜品。
为了提升柔软的口感, 建议去掉面包边。

材料（2人份）

切片面包	4片
鸡蛋	2个
牛奶	50毫升
盐、胡椒	各少许
黄油	7克

制作方法

❶ 在碗中打入鸡蛋, 加入牛奶、盐、胡椒, 轻度搅拌。

❷ 高火加热平底锅, 让黄油熔化后倒入步骤❶的半成品。从锅边开始搅拌, 待鸡蛋半熟时关火, 之后用饭铲把鸡蛋按成一块, 切成2等份放到面包上。

❸ 用屉布或保鲜膜包裹, 放置1分钟后切块食用。

要点

一定不要让鸡蛋全熟。半熟状态下的炒蛋可以通过夹入面包自动成形。

004 Egg and vegetables sandwich
Arrange ▶ 蔬菜鸡蛋三明治

鸡蛋的黄色和蔬菜的绿色呈现出"菜上花"的景象。
这种漂亮的三明治最适合野游时食用。
颗粒较大的鸡蛋块和蔬菜的口感会给人一种满足感。

材料（2人份）

切片面包	4片	牛奶	1小勺
豌豆	8根	盐、胡椒	各适量
鸡蛋	2个	圆生菜	2片
蛋黄酱	1½大勺		

制作方法

❶ 用锅烧开水，加入少许盐，放入择好的豌豆焯1分钟后捞出。

❷ 继续用焯豌豆的热水煮鸡蛋，煮10分钟，之后在冷水中剥鸡蛋壳。

❸ 将去壳的煮鸡蛋放入碗中，用叉子搅碎，加入蛋黄酱、牛奶充分搅拌，再加入盐、胡椒调味。

❹ 把制作好的步骤❸抹在2片面包片上，按顺序夹入豌豆、圆生菜，再跟另2片抹蛋黄酱的面包片分别夹成三明治。

要点
此菜品的煮鸡蛋和菜品 001 不同，要把鸡蛋搅成大块状态，请不要用打蛋器，要使用叉子搅碎。

005 Poached egg sandwich
Arrange ▶ 荷包蛋三明治

外表容易让人联想到班尼迪克蛋。但这里是将荷包蛋煮至适当的硬度，更方便食用。与朝霞沙司为绝佳搭配。（朝霞沙司：就是白沙司中加入番茄汁和黄油做成的。语源法语——aurore）

材料（2人份）

英格兰松饼	2个	西蓝花芽	1把
醋	2大勺	A ｜ 蛋黄酱、番茄酱	
盐	一小撮		各1大勺
鸡蛋	2个		

制作方法

❶ 往锅中倒入800毫升水煮沸，加入醋和盐后调至小火。把鸡蛋逐个打到小碟中。

❷ 用汤勺搅拌热水，把一个鸡蛋轻轻倒入漩涡中。鸡蛋随漩涡一起旋转，等待5分钟直至鸡蛋煮熟成为一个整体。之后用漏勺捞出鸡蛋放入冷水镇一下，按此步骤煮熟2个鸡蛋。

❸ 将英格兰松饼切成2半稍加烘烤后，夹入去根的西蓝花芽、荷包蛋，然后倒上搅拌均匀的混合酱汁A，做成三明治。

要点
 ▶ ▶
用汤勺搅拌沸水，出现漩涡时立刻放入鸡蛋。鸡蛋会随着漩涡自然聚集到中心，形成圆形。这样就可以防止鸡蛋被煮烂，而且蛋清和蛋黄的位置也能保持原始的自然形态。

TUNA SANDWICH | Basic & Arrange Recipe

金枪鱼三明治

006 Tuna sandwich

Basic ▶ 金枪鱼三明治

只需加入少许的蛋黄酱即可，充分利用了金枪鱼自身的味道与咸味。少量的芥末可以给人味觉上的轻度刺激。蔬菜则选用通常使用的沙拉菜的搭配。换成绿紫苏也别有一番味道。

材料（2人份）

切片面包·················· 4片
金枪鱼罐头·············· 1小罐
蛋黄酱·················· 1大勺
沙拉菜·················· 4片
芥末·················· 适量

制作方法

❶ 把滤掉罐头汁的金枪鱼肉倒入碗中，加入蛋黄酱充分搅拌。

❷ 把步骤❶抹在2片面包片上，放上沙拉菜，再抹一层薄薄的芥末，之后跟另2片面包片分别夹紧即可。

※选用无油金枪鱼罐头时，请把蛋黄酱的使用量调整为4小勺。

007 Tuna and celery with curry sandwich

Arrange ▸ 金枪鱼芹菜三明治

口感柔和的金枪鱼配上咖喱粉，再搭配上彻底沥干水分的爽口芹菜。做成了味道浓郁又不失清爽的三明治。

材料（2人份）

切片面包	4片
芹菜	8厘米
（使用少许芹菜叶）	
盐	¼小勺
金枪鱼罐头	1小罐
咖喱粉	小半勺
蛋黄酱	1大勺

制作方法

❶ 去掉芹菜根和筋，切成细段状；芹菜叶切成碎末。在芹菜茎上抹盐腌制10分钟后用清水冲洗干净，然后用屉布彻底沥干水分。

❷ 将经过滤油处理的金枪鱼肉放入碗中，加入咖喱粉和蛋黄酱，放入步骤❶一起充分搅拌。

❸ 在2片面包片上涂抹步骤❷，然后跟另2片面包片分别夹紧。

※选用无油金枪鱼罐头时，请把蛋黄酱的使用量调整为4小勺。

要点

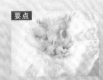

用盐腌过芹菜之后，一定要用屉布沥干水分。如果水分沥干不彻底，面包会被浸湿变黏，味道也会大打折扣。

▣ Pan bagnat

Arrange ▶ 法式经典三明治

想象着在尼斯吃到的当地沙拉三明治，选用分量充足的金枪鱼、凤尾鱼、橄榄和新鲜蔬菜做成。金枪鱼的油渗入面包后会美味大增，不仅可以现做现吃，还推荐便当使用。

材料（2人份）

法棍面包·················· ⅔根
番茄······················ 半个
紫洋葱···················· ¼个
嫩叶菜···················· 2把
金枪鱼罐头（带油）1小罐
橄榄······················ 4颗
凤尾鱼（鱼鳍）········· 2片
胡椒······················ 适量

制作方法

❶ 将番茄切成7毫米厚的圆片。紫洋葱也尽可能切成最薄的圆片形状之后打碎成条状，浸水10分钟以上，之后沥干水分。

❷ 把⅔根法棍面包切成2段，每一段纵切开口。再把步骤❶、嫩叶菜、金枪鱼（带着油一起）、橄榄、凤尾鱼夹入，最后撒上胡椒即可。

009 Wasabi and tuna sandwich
Arrange ▶ 芥末金枪鱼三明治

淡淡的芥末味能去掉金枪鱼特有的腥味，让
金枪鱼吃起来更清爽可口。

材料（2人份）

切片面包⋯⋯⋯	4片	芥末⋯⋯⋯⋯	¼小勺
金枪鱼罐头⋯	1小罐	嫩菜芽⋯⋯⋯	2小把
蛋黄酱⋯⋯⋯	1大勺		

制作方法

❶ 过滤金枪鱼罐头的油，把鱼肉、蛋黄酱、
芥末放入碗中充分搅拌。

❷ 把步骤❶抹到2片面包片上，放上嫩菜
芽，再涂上薄薄一层蛋黄酱（材料表外用
量），分别跟另2片面包片夹紧即可。

※选用无油金枪鱼罐头时，请将蛋黄酱用量
调整至4小勺。

010 Tuna and tomato sandwich
Arrange ▶ 番茄金枪鱼三明治

加入有美容功效的番茄，制作成一款健康的三明
治。
用刺山柑酱的酸味来提味，使这款三明治瞬间提
升一个档次。

材料（2人份）

切片面包⋯⋯⋯	4片	蛋黄酱、刺山柑酱⋯	
番茄⋯⋯⋯⋯⋯	半个	⋯⋯⋯⋯⋯	各1大勺
金枪鱼罐头⋯	1小罐		

制作方法

❶ 番茄切成1厘米厚的片，去籽，再切成1厘
米宽的块状。

❷ 在碗中放入去油的金枪鱼肉、蛋黄酱、沥
干水后的刺山柑酱，之后搅拌均匀。然后再
加入番茄继续搅拌。

❸ 把步骤❷抹到2片面包片上，再跟另2片面
包片分别夹紧即完成。

※选用无油金枪鱼罐头时，请将蛋黄酱用量
调整至4小勺。

要点

用勺子去掉番茄的籽。番茄去
籽可使其味道更纯粹，而且还
能防止三明治被水分浸湿。

HAM SANDWHICH | Basic & Arrange Recipe

火腿三明治

011 Ham sandwich

Basic ▶ 火腿三明治

普通的火腿片配上芥末油，口味绝佳。用冰水浸泡圆生菜，之后彻底沥干水是美味的关键。还可以适当加入少许果酱。

材料（2人份）
切片面包·················· 4片
火腿肉···················· 2片
圆生菜···················· 2片
芥末油、黄油········ 各适量

制作方法
在2片面包片上涂抹少量芥末油，顺序摆上火腿片、圆生菜，然后跟另2片都抹过少量黄油的面包片分别夹成三明治。

012 Salami and marinated onion sandwich

Arrange ▶ 意式腊肉洋葱火腿

营养又美味的意式腊肉与清爽酸味的紫洋葱为绝配。带有油脂和洋葱液的法棍三明治很适合搭配葡萄酒。

材料（2人份）

法棍面包····················· ⅓根
紫洋葱····················· 半个
A ┌ 盐 ····················· ¼勺
 │ 白糖、橄榄油··· 各1小勺
 └ 白酒醋 ················· 1大勺
意式腊肉（大片）········· 6片
罗勒叶····················· 4大片

制作方法

① 在容器中放入洋葱丝和调料A，充分搅拌后在冰箱中放置一晚。

② 法棍面包切成2段，从横侧切开口，加入腊肉、步骤①和罗勒叶即可。

要点

洋葱腌制一晚后才能入味，辣味也会淡化。这种腌制洋葱可在冰箱中冷藏4~5天，可以常备使用。

013 Ham cutlet sandwich

Arrange ▶ 炸火腿三明治

怀旧风格的炸火腿三明治，让人回想起学校食堂和路边面包店。连炸火腿的工序也亲手制作，能够品尝到更适合自己口味的松脆口感。根据个人喜好，可以选择热狗面包或者方块面包。

材料（2人份）

热狗面包	2个
鸡蛋	半个
牛奶	1小勺
低筋面粉	2大勺
火腿片	2片
面包屑、煎炸油	各适量
卷心菜	1片
芥末油、肉排酱汁	各适量

制作方法

① 在碗中放入鸡蛋、牛奶搅拌，撒入低筋面粉充分搅拌。

② 滤干火腿片的水分，裹上步骤①，再裹面包屑。

③ 选用小号平底锅，倒入1厘米高的煎炸油，中火热油，煎炸步骤②。两面炸至金黄色后取出，滤干油。

④ 切开热狗面包，在切口处涂抹少量芥末油。切碎卷心菜，火腿片切成任意大小，夹入面包里，倒上适量肉排酱汁。

※火腿片可以两三片搭在一起，更为美观。

要点

炸火腿外层的面包屑厚一些会更美味。将炸火腿裹上由鸡蛋、牛奶、小麦粉做成的"黄油液"，面包屑可以裹得更多。

014 # Herb butter and jambon ham sandwich
Arrange ▶ 黄油法棍三明治

Jambon即法国的火腿肉，把这种火腿肉结合起司、迷迭香和黄油做成香味十足的三明治。

材料（2人份）
A│黄油（有盐）·············· 20克
 │迷迭香草末·············· ¼小勺
法棍面包···························· ⅔根
格鲁耶尔奶酪（切片）、火腿片········ 各4片
腌黄瓜···························· 适量

制作方法
❶ 充分搅拌材料A。
❷ 法棍面包切成2段，横向切出开口，涂入步骤❶，夹入奶酪、火腿片。搭配上腌黄瓜。
※搅拌好的香草黄油放入保鲜膜内放至冰箱冷藏可保存1个月之久，因此可以多做一些备用。

要点

加入迷迭香可以做出口味独特的味道。由于香草奶油适合保存，可以考虑一次多做一些，日常生活中搭配吐司食用。

015 # Ham and fig ,rocket sandwich
Arrange ▶ 火腿无花果芝麻菜三明治

火腿的咸味、无花果的甜味、芝麻菜的苦味混合在一起产生出绝妙的味觉平衡。还可以把无花果替换成香蕉哦!

材料（2人份）
切片面包········ 4片　火腿············ 2片
无花果·········· 1个　芥末油、黄油········
芝麻菜·········· 1棵　············各适量

制作方法
❶ 无花果去皮，切成1厘米的薄片。芝麻菜切成4厘米长备用。
❷ 在2片面包上薄薄抹一层芥末油，顺序夹入火腿、芝麻菜、无花果，最后再跟另2片涂抹过少量黄油的面包片分别夹紧做成三明治即可。

要点

无花果的皮较硬，不易剥落。去皮时只去掉薄薄的一层表皮可使口感更加柔滑。

面包边的妙用

做三明治的时候去掉面包边，会让三明治的口感更柔软，看上去也更诱人。
但是面包边其实才是面包独特味道的精华部分，扔掉会很浪费。接下来就介
绍几种简单的面包边的妙用方法。

奶酪粉和胡椒味的无油小零食

将50克面包边切成1厘米的小块，撒上2大勺奶酪粉和少许胡椒粉摇匀，盛到烘烤托盘上放入微波炉加热1分半钟。取出后摇匀，再加热30秒之后自然冷却。松脆的小零食就做成了。

用面包机烤出面包条

把切下的面包边用面包机稍加烘烤，烤出面包干的口感之后直接食用，或者搭配半熟煎蛋食用。

用搅拌机做成面包屑

使用搅拌机轻松做成面包屑。放入袋中封口冷藏，通常可保存1个月左右。可根据个人喜好选择面包屑的粗细。

PART

02

Breakfast & Brunch
Sandwich

现做现吃的美味

早、午餐三明治

使用新鲜蔬菜和肉、鱼等食材，一款营养满分的理想三明治式早餐就做好了。

不论是忙碌的清晨，还是悠闲的休息日早晨……

只要有了三明治，完美的一天就开始了。

这里重点介绍早、午餐食用的现吃现做的美味三明治。

016 Salsa dog
萨尔萨辣酱热狗三明治

多汁的香肠加上足量的萨尔萨辣酱，口味鲜爽。萨尔萨
辣酱水分充足，酱汁会渗入面包，因此法棍面包会比热
狗面包更适合这道菜品。

材料（2人份）

【萨尔萨辣酱】

紫洋葱	⅛个
番茄	半个
A 盐	¼小勺
红辣椒粉	小半勺
柠檬汁、橄榄油	各1小勺
红椒	适量

法棍面包	⅔根
热狗肠（大）	2根
荷兰芹末	适量
胡椒	适量

制作方法

❶ 先制作萨尔萨辣酱。把紫洋葱切成粗
末。番茄切成1厘米小块。

❷ 在容器中放入步骤❶和A充分混合，
放入冰箱冷藏一晚。

❸ 在平底锅中放入热狗肠，倒入50毫升
白水，盖上锅盖调至中火。待水分蒸发
完，热狗肠表皮焦黄时关火。

❹ 法棍面包切成2块，从横向切口开
口，夹入热狗肠和萨尔萨辣酱，撒上少
许荷兰芹末与胡椒即可。

要点

水煎热狗肠可以防止香
肠的油分飞溅流失。这
样还能把味道全部保留
住，且受热充足。大力
推荐。

017 Mushroom and omelet sandwich
蘑菇蛋卷三明治

使用了早餐的代名词——蛋卷三明治。蘑菇的味道十分浓厚，因此不必刻意勾芡，直接撒到鸡蛋上便可。吸收了这些味道的法棍面包会拥有绝佳的口味。

材料（2人份）

法棍面包………… ⅔根
鸡蛋………………… 3个
牛奶………………50毫升
蘑菇………………… 1包
黄油………………20克
白酒………………… 1大勺
盐、胡椒………… 各适量
荷兰芹…………… 适量

制作方法

❶ 往碗中打入鸡蛋，倒入牛奶，撒少许盐、胡椒，轻轻搅拌。蘑菇切成薄片。法棍面包切成2块，每块从侧边切开口。

❷ 往平底锅中放入一半量的黄油，高火熔化黄油，倒入鸡蛋液。从锅边开始搅拌，鸡蛋半熟后关火，用饭铲将鸡蛋集中翻成一块，之后切成2半夹入法棍面包。

❸ 再往锅中加入剩余的黄油，加入蘑菇，撒一小把盐翻炒，倒入白酒后盖上锅盖焖1分钟。

❹ 连汁带菜将步骤❸浇在步骤❷上，撒上荷兰芹、胡椒即可。

要点

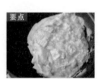

蛋卷不要煎太老，用半熟状态煎出完美的形状是最重要的。煎蛋时，锅和蛋卷本身的余热也会让鸡蛋变熟，所以一定要注意别加热过度。

018 Avocado and shrimps sandwich
虾仁牛油果三明治

说到面包圈三明治的经典，那自然是牛油果+虾仁了。
这次我们不用蛋黄酱，而选用咸奶油调节味道。
焖虾仁的汁也会用到三明治里，让这款菜品的香味更加丰富。

材料（2人份）

面包圈	2个
大虾	6个
橄榄油	1小勺
白酒	1大勺
盐、胡椒	各适量
A 牛油果	半个
咸奶油	2大勺
盐、胡椒	各少许
苜蓿菜	2小把

制作方法

❶ 剥掉虾壳，去黑线，用盐洗净，之后滤干水分。在平底锅中倒入橄榄油，中火加热后炒虾。炒至变色时倒入白酒，盖上锅盖焖熟。撒上盐、胡椒备用。

❷ 在碗中加入A，搅成糊状。

❸ 切开面包圈，稍加烘烤，涂上步骤❷，夹入苜蓿菜，将步骤❶连汁带虾一起倒在菜上。

要点

虾仁呈现橙色时倒入白酒，盖上锅盖焖。这样能让虾肉不会太硬，保持鲜嫩有弹性的口感。虾汁带有酒香，适合一起食用。

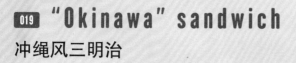

019 "Okinawa" sandwich

冲绳风三明治

把日本冲绳的特色菜"苦瓜豆腐杂烩炒"夹到热狗面包里。
充实的馅料让人从清晨开始就充满活力。在苦瓜的苦味、罐头肉的咸味上
搭配淡淡的甜味番茄酱，美味恰到好处。

材料（2人份）

热狗面包	2个
洋葱	¼个
苦瓜	¼根
罐头肉（可用鱼肉肠代替）	70克
鸡蛋	2个
色拉油	2小勺
鱼露	1小勺
番茄酱	适量

制作方法

❶ 洋葱切成细丝。苦瓜切成2半，用铁勺挖去瓜瓤，切成薄片。罐头肉切成较大块。鸡蛋稍稍打碎。

❷ 在平底锅中倒入色拉油，中火加热，依序加入罐头肉、苦瓜、洋葱翻炒，蔬菜炒软后倒入鱼露。

❸ 调到高火，顺着锅边倒入鸡蛋液，半熟后大幅度搅拌，之后关火。

❹ 切开热狗面包，加入步骤❸，挤上番茄酱。完成。

要点

炒好苦瓜、洋葱、罐头肉之后，调成高火倒入鸡蛋，快速搅拌翻炒，把鸡蛋液裹到菜上。

020 Liver and spinach sandwich
菠菜鸡肝三明治

富含铁的鸡肝适宜女性多多食用。香醋炒过的鸡肝没有刺鼻的味道，讨厌
鸡肝味道的人因此也可以轻松尝试了。这是一款非常营养健康的三明治。

材料（2人份）

热狗面包	2个
菠菜	¼包
鸡肝	100克
土豆淀粉	1小勺
橄榄油	2小勺
A 香醋	1大勺
酒、酱油	各大半勺
芥末酱	小半勺
胡椒粉	适量

制作方法

❶ 菠菜放入冰水中浸泡一下，滤干水分切成3厘米的小段。

❷ 鸡肝切成较大块状，去掉多余的脂肪。用水洗净，滤干水分，裹上土豆淀粉。

❸ 在平底锅中倒入橄榄油，中火热油后炒鸡肝。待鸡肝表面变色时，加入A。煮至收汁，关火，放入菠菜搅拌。用余热把菠菜炒软后即可出锅。

❹ 在热狗面包上切开口，夹入步骤❸，撒上适量胡椒粉。

要点

鸡肝不要炒太久，稍微翻炒即可。为了让菠菜保持鲜脆口感，选择关火后放入锅中，用余热翻炒即可。

021 Fried scallop and lotus root, pea sprouts with nam pla sandwich
莲藕扇贝三明治

像沙拉一样的三明治。
豆苗炒熟后会缩小，因此需要多放豆苗。
莲藕的爽脆感、扇贝的香味让人欲罢不能。

材料（2人份）

口袋饼…………1个	扇贝罐头（小）………
莲藕（小）………1节	…………1罐（70克）
豆苗…………1包	橄榄油、鱼露、黑芝麻
	…………各1小勺

制作方法

❶ 莲藕切成薄片。豆苗切成3厘米长备用。

❷ 在平底锅中倒入橄榄油，中火热油，炒莲藕。莲藕变软后，放入扇贝（连罐头汁一起）继续翻炒。之后倒入鱼露，汤汁炒干时放入豆苗，稍加搅拌即可关火，撒上芝麻。

❸ 口袋饼切成2半，分别夹入步骤❷。

要点

罐头汁的味道很浓郁，
要一并倒入锅中。

022 Fried colorful vegetables with anchovy sandwich
凤尾鱼蔬菜三明治

多彩的蔬菜，搭配凤尾鱼，让菜品更加营养。吃上去嘎吱嘎吱的清脆口感为最大的特色。

材料（2人份）

英格兰松饼…………2个	橄榄油…………1小勺
胡萝卜…………⅛根	白酒…………1大勺
西葫芦…………¼根	盐、胡椒…………各适量
菜花…………2块	柠檬…………2块
凤尾鱼（背脊肉）…1块	

制作方法

❶ 胡萝卜、西葫芦切成薄片，菜花掰成小朵，鱼肉切碎。

❷ 往平底锅中倒入橄榄油加热，放入步骤❶，稍稍翻炒后倒入白酒，待蔬菜开始变软时加入盐、胡椒调味。

❸ 切开松饼稍加烘烤，夹入步骤❷，再挤上少许柠檬汁即可开始享用。

要点

胡萝卜、西葫芦、菜花
都是可以生吃的蔬菜，
因此不要炒太烂，炒至
口感清脆即可。

023 Whitebait salad wraps
海味卷饼三明治

玉米饼中卷着足量的新鲜蔬菜，最适合清晨食用。
加入了小鱼干和野姜为菜品提味，口感上升了一个档次。

材料（2人份）

玉米粉卷饼	2张	野姜	1根
橄榄油	大半勺	柠檬汁	大半勺
小鱼干	4大勺	白芝麻	适量
圆生菜	4片		

制作方法

❶ 在卷饼上抹一层橄榄油，铺上小鱼干，用面包机的余热烘烤1分钟。

❷ 圆生菜切成粗条状，野姜切成小块。

❸ 把步骤❷放在步骤❶上，挤上柠檬汁，撒上白芝麻后卷起来。根据个人口感可额外再适量挤些柠檬汁。

要点　在卷饼上抹好橄榄油后，均匀撒上小鱼干，就像制作披萨时撒馅料一样便可。

024 Guacamole pocket bread sandwich
牛油果口袋饼三明治

加入牛油果与番茄的墨西哥菜品"Guacamole"，夹入口袋饼里也可方便食用，另有一番风味。搭配酸橙，让食用时的味道更加清爽。

材料（2人份）

口袋饼	1个	A｜酸橙汁	2小勺
番茄	1个	｜盐、胡椒	各适量
香菜	1株	｜红辣椒	适量
牛油果（熟透）	1个		

制作方法

❶ 番茄切成1厘米小块，去掉籽。香菜切成1厘米小段。

❷ 把去皮的牛油果放入碗中，用勺子捣碎。加入番茄和⅔分量的香菜搅拌，加入A调味。

❸ 口袋饼切成2半，夹入步骤❷，将剩余的香菜撒上。可根据个人口味加入额外的酸橙汁。

025 Fried hijiki with balsamic vinegar sandwich

意大利香醋羊栖菜三明治

香醋可以缓和羊栖菜过于浓重的味道。
多食用羊栖菜可以补充铁含量。爽口的芹菜、入味十足的炸豆腐更是点睛
之笔。

材料（2人份）

口袋饼	1个
羊栖菜（干燥）	10克
芹菜	半根
炸豆腐	1片
橄榄油、意大利香醋、酱油	各2小勺
沙拉菜	6片

制作方法

❶ 将干燥的羊栖菜在水中浸泡15分钟，洗净后滤干水分。

❷ 芹菜切成碎丁，炸豆腐切成5毫米的丝状。

❸ 在平底锅中倒入橄榄油，中火加热，翻炒步骤❶、步骤❷，加入香醋、酱油，炒至水分消失。

❹ 口袋饼切成2半，将步骤❸和沙拉菜一起夹入其中。

要点

往羊栖菜、芹菜、炸豆腐上加入调味料时，一定要将调料的水分炒干。以防调料味盖住蔬菜的味道，且口袋饼如果被浸湿，会导致口感下降。

026 Croque-monsieur french toast
经典法式火腿干酪三明治

没有甜味的吐司面包搭配火腿与奶酪，再加入足量的洋葱。
还可用菠菜代替洋葱。

材料（2人份）

切片面包············ 4片	火腿················· 2片
鸡蛋················· 1个	洋葱················· ¼个
牛奶（或者豆奶）	披萨奶酪·········· 4大勺
············ 150毫升	橄榄油············· 1小勺

制作方法

❶ 在托盘中打入鸡蛋，倒入牛奶充分搅拌。之后把面包片裹上搅拌均匀的鸡蛋牛奶混合液，来回翻面彻底吸收。

❷ 在步骤❶的面包片上放置火腿、切成丝的洋葱、披萨奶酪。

❸ 往平底锅中倒入橄榄油，中火热油，放入步骤❷，盖上锅盖调至中低火烘烤3分钟，直至面包片开始变色后翻面，再烘烤两三分钟即可。

要点 让面包片充分吸收鸡蛋牛奶液至关重要。这样烘烤过的面包片才能保持柔软鲜嫩的口感。

027 Bacon french toast
法式烤培根三明治

让法式吐司面包吸入培根和蘑菇的汁，再稍加烘烤。
也可以用变干的面包来制作，经济实惠不浪费。

材料（2人份）

6片装切片面包 ······ 2片	培根（最好是薄片）2片
鸡蛋················· 1个	蘑菇················· 1包
牛奶（或者豆奶）	盐、胡椒··········各适量
············ 150毫升	柠檬················· 2块
橄榄油············· 1小勺	

制作方法

❶ 在托盘中打入鸡蛋，倒入牛奶充分搅拌。之后把面包片裹上鸡蛋牛奶液，来回翻面彻底吸收。

❷ 平底锅中火加热橄榄油，摆入步骤❶、培根、切成2半的蘑菇。盖上锅盖调至中低火烘烤3分钟。各食材变色后翻面再烘烤两三分钟。

❸ 放入盘中，撒上盐和胡椒，挤上柠檬汁即可。

要点 烘烤后，会有松软柔和的口感。另外，把培根、蘑菇和面包片一起烘烤可使面包吸入肉和蘑菇的香味，口味更加浓郁可口。

028 Paprika bulgogi sandwich
韩式红椒烤肉三明治

最适合米饭的红椒烤肉其实与面包也很搭。
做成便当非常不错，现吃现做也能体会到特别的口味。
牛肉选用实惠的肥牛片就可以。

材料（2人份）

		A	
玉米粉圆饼	1个	豆瓣酱	¼小勺
洋葱	¼个	酒、砂糖、酱油	各1小勺
红椒	¼个		
肥牛片	60克	芝麻油	1小勺
		白芝麻	2小勺
		生菜	2片

制作方法

❶ 洋葱切成细丝。红椒切成细条状。用A腌制牛肉。
❷ 在平底锅内倒少量油，加热，炒洋葱和红椒。炒软后加入腌好的牛肉，等牛肉变色时撒入白芝麻。
❸ 玉米粉圆饼切成2半，摆上生菜，夹入步骤❷。

029 Grilled eggplant and mozzarella cheese sandwich
马苏里拉奶酪茄子三明治

加热后的茄子和马苏里拉奶酪的稠滑口感，与硬质的法棍面包成为鲜明的对比，口感绝妙。
多汁的馅料，配合薄荷叶与柠檬汁，更加鲜爽美味。

材料（2人份）

法棍面包	⅔根	薄荷叶	适量
长茄子	2根	盐、胡椒	各适量
马苏里拉奶酪	1块	柠檬	2块
橄榄油	1大勺		

制作方法

❶ 茄子去蒂，斜向切成1厘米宽的片。马苏里拉奶酪也切成1厘米的块状。
❷ 在平底锅中倒入橄榄油，中火热油，摆入茄子。茄子变成焦黄色时翻面，放入马苏里拉奶酪，之后盖上锅盖，一直烧至奶酪熔化。
❸ 法棍面包切成2段，分别斜向切开口，夹入步骤❷、薄荷叶，撒上盐和胡椒，最后挤上柠檬汁即可。

030 Tomato and bacon sandwich
番茄培根煎蛋三明治

让人想到经典早餐"BLT三明治"（B=Bacon培根，L=Lettuce生菜，T=Tomato番茄）黄金组合。烤至外焦里嫩的英格兰松饼与嫩滑的半熟煎蛋也是最好的搭配。

材料（2人份）

英格兰松饼	2个	番茄	1个
A 蛋黄酱、番茄酱		色拉油	1小勺
各2小勺		鸡蛋	2个
厚培根片	1片	沙拉菜	2片
（薄片则用2片）		盐、胡椒	各适量

制作方法

❶ 英格兰松饼切成2半，稍加烘烤，涂上A。
❷ 培根切成2半，番茄切成1厘米厚片。
❸ 平底锅中火热油，摆入培根，打入鸡蛋，煎至个人喜好的硬度。番茄片快速煎双面。
❹ 在步骤❶上按顺序摆好沙拉菜、培根、番茄片、煎蛋，再撒上盐、胡椒即完成。

要点

摆好培根、打入鸡蛋，煎炸硬度可根据个人喜好控制。番茄稍微过一下火味道更鲜明。

031 Grilled marlin sandwich
烤旗鱼三明治

有油脂的鱼肉和面包是很搭的。
新鲜的洋葱和柠檬可以缓和鱼的腥味。

材料（2人份）

英格兰松饼	2个	生菜	2片
紫洋葱	¼个	盐、胡椒、黄油	各适量
旗鱼肉	2片	柠檬	2块
橄榄油	1小勺		

制作方法

❶ 洋葱切丝，用醋（额外的材料）浸泡10分钟以上，再用冷水冲洗。之后用屉布包住洋葱丝，沥干水分。
❷ 在旗鱼肉上多撒些盐、胡椒和橄榄油，用烤鱼架将两面烤至焦黄。
❸ 松饼切成2半，稍加烘烤后涂抹黄油。依序盛上生菜、烤旗鱼肉、洋葱，之后挤少许柠檬汁即可。

要点

把泡过水的洋葱包在屉布中，攥紧排出水分，这样便可往三明治中夹入更多。

专栏
02

制作三明治的便利工具

下面为喜欢三明治的朋友介绍一些便利的工具。
只要使用这些工具，制作三明治不仅会更轻松快捷，还能提升菜品的美观与味道。一个一个尝试使用到制作过程中吧！

切菜板

切面包时使用。木制的切菜板还可以用来为三明治做完工前盛馅料的容器。

面包刀

波浪刃的切割刀，可将面包切出完美的断面。喜欢做三明治的人应该备上一把。这种面包刀还有更小号。

小碗

做有鸡蛋的沙拉、搅拌蔬菜等时使用。推荐选用易于收纳的16厘米型号。

洗菜篮

制作美味三明治时，最大的敌人就是蔬菜上的水分。这时洗菜篮就派上用场了。旋转顶端，水分就能全部排掉。

屉布

在准备将制作完成的三明治切块时，盖上屉布可防止面包边干硬。擦除蔬菜的水分时也会用到。非常重要的工具。

胡椒磨

让三明治外观更漂亮，味道也更均匀的胡椒磨。用此工具磨胡椒粉，香味可以提升一个档次。

小饭铲

从容器中盛出酱料时使用小号饭铲会更方便。如果选用耐热铲，还可以用于加热调理。

小抹刀

做蛋糕点心时，抹奶油的工具。在制作三明治时，可以用来往面包上涂抹黄油、芥末酱等。

黄油刀

和小抹刀差不多，涂抹糊状食材时使用。顶端平坦、勺子状等各种型号都有。

PART

03

Lunch
Sandwich

冷藏过后也很美味的

便当三明治

现吃现做固然好，

但也有些三明治放置一段时间后会有更独特的味道。

早晨制作的三明治，经过一上午的时间渗入了香浓的酱汁、肉汁、脂肪，

到了中午就是绝佳的食用时间！

特别推荐使用法棍面包等较硬的面包制作。

032 Fried fish sandwich
炸鱼排三明治

鲜嫩的白鱼肉外裹着一层金色的酥脆表皮，这就是英国名吃——炸鱼排。配合带有柠檬汁的蛋黄酱、新鲜的蔬菜，油而不腻。这款三明治与柑橘类果汁或是啤酒搭配非常好。

材料（2人份）

法棍面包	………………………	⅔根
鳕鱼肉	………………………	2片
盐、胡椒	………………………	各少许
A	小麦粉 ……………………	40克
	水 ………………………	50ml
	冰块 ……………………	2块
炸肉油	………………………	适量
圆生菜	………………………	2片
番茄	………………………	半个
B	蛋黄酱 …………………	2大勺
	柠檬汁 …………………	2大勺
	辣椒粉 …………………	小半勺
	胡椒 ……………………	少许

制作方法

❶ 鳕鱼去骨，用厨房用纸吸掉鱼肉的水分，撒上盐和胡椒。在碗中放入A，用筷子稍加搅拌。

❷ 将炸肉油加热至高温，把裹好A的鱼肉放入油中煎炸。两面炸焦脆后捞出锅，滤干油。

❸ 法棍面包切成2块，从侧面切出开口，依序夹入切片的番茄、步骤❷、搅拌均匀的B。按个人喜好加入少许辣椒粉（额外的）、柠檬汁（也是额外的）即可。

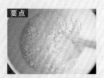

要点

炸鱼排的外衣如果搅拌过度会变成固体，搅拌时，用筷子快速地搅拌几下即可。

Teriyaki chicken sandwich

照烧鸡三明治

甜口的照烧鸡加上柚子胡椒的辣味，味道一下变得更加
浓郁厚重。
焦脆的鸡皮、多汁的鸡肉，还有鲜脆的蔬菜让人吃了还
想吃。

材料（2人份）
英格兰松饼……………… 2个
鸡腿肉（小）…………… 1片
　　　　　　　　　（240克）
A│酒、白糖、酱油………
　……………………… 各2小勺
水菜………………………… 1颗
B│蛋黄酱…………… 1大勺
　│柚子胡椒………… ¼小勺

制作方法
❶ 去掉鸡肉的筋，在最厚的部分均等切
出开口，再切成2半。
❷ 鸡皮朝下将鸡肉放入平底锅中，鸡肉
上面放些重物压住，中低火烧12分钟左
右。期间注意擦掉鸡肉渗出的油。
❸ 皮烧成茶棕色时翻面烧1分钟左右，
倒入A，煮至收汁。
❹ 英格兰松饼切成2半，稍加烘烤，依
序放入切成3厘米长的水菜段、步骤
❸、充分搅拌的B。

034 Stewed hamburg with tomato sauce sandwich
番茄汉堡肉三明治

层次感鲜明的煮汉堡肉和番茄汁蘑菇一起在锅中烧熟，非常便捷。

材料（2人份）

英格兰松饼………… 2个	胡椒 ………… 适量	
洋葱…………………… 1个	鸡蛋………… 1个	
面包粉…………… 5大勺	橄榄油………… 适量	
真姬菇…………… 1包	B 番茄汁……200毫升	
圆生菜…………… 2片	白糖 …… 1小勺	
A 猪肉、牛肉混合肉馅	盐 …… 小半勺	
………… 160克		
盐 …… 小半勺		

制作方法

❶ 半个洋葱切成末，与面包粉混合。剩下的洋葱切成细丝。真姬菇去掉根。

❷ 在碗中放入A，充分搅拌。加入鸡蛋，再搅拌至黏稠。之后加入洋葱末与面包粉的混合物，搅拌均匀。用手蘸取橄榄油，捏出2块汉堡肉。

❸ 往平底锅中倒入2小勺橄榄油，摆入汉堡肉用中火煎炸。表层变色后翻面煎炸，在周围空余处放入洋葱丝、真姬菇，加入B，盖上锅盖煎7分钟。

❹ 取出汉堡肉，把锅中的汤汁都收到菜里。

❺ 把英格兰松饼切成2半稍加烘烤，依序放入圆生菜、汉堡肉和步骤❹。

用炸过汉堡肉的平底锅制作酱汁可以有效利用肉汁。多煮一会儿便可煮出神奇酱汁。

035 Salmon paste and spinach sandwich
菠菜鲑鱼酱三明治

鲑鱼+奶油奶酪是面包圈三明治的经典。这次就用市面上的盐鲑来制作一款三明治。番茄的酸味、菠菜的苦味是一种神奇的调味组合。

材料（2人份）

面包圈……………… 2个	奶油奶酪………… 4大勺	
A 盐鲑 …… 1片	番茄………… 1个	
白酒 …… 1小勺	菠菜………… 2颗	

制作方法

❶ 在耐热容器中放入A，用保鲜膜包好，微波炉加热2分钟。去掉鲑鱼皮和骨头。

❷ 在研磨钵中放入鲑鱼肉与奶油奶酪，碾成酱状。

❸ 番茄切圆片，菠菜切成3厘米长。

❹ 横向切开面包圈，稍加烘烤，涂抹步骤❷，依序夹入番茄片、菠菜。

为了让口感更柔滑，鲑鱼肉请用微波炉加热。用捣蒜器把鱼肉和奶油奶酪一起搅拌成酱状。

[036] Curry and imitation crab meat sandwich
咖喱蟹棒三明治

便捷经济的蟹棒，配合老少皆宜的蛋黄酱的咖喱。
卷入几层圆生菜，让馅料的口感滑而不腻。

材料（2人份）

面包圈·················· 2个
蟹棒·····················10根
咖喱粉············· ⅓小勺
蛋黄酱············· 1大勺
圆生菜················· 4片

制作方法

❶ 把蟹棒撕成细丝，与咖喱粉、蛋黄酱拌在一起。
❷ 横向切开面包圈，稍加烘烤，涂抹步骤❶，夹入2片卷好的圆生菜即完成。

要点

把蟹棒撕碎后吃起来
更加柔软，能更有蟹肉
的感觉。

037 Creamy potato and cod roe sandwich
奶油鱼籽三明治

加入奶油后，土豆泥更加松软可口，味道也更柔和。
再多夹入一些新鲜的蔬菜芽口感会更好。

材料（2人份）
切片面包……………… 4片
鳕鱼子………………… 半腹
土豆（大）…………… 1个
生奶油………………… 2大勺
花椰菜芽……………… 1包
盐、黄油……………… 各适量

制作方法
❶ 在保鲜膜上放置鳕鱼，在表皮上切开小口，用刀背取出鳕鱼子（取出2大勺的量）
❷ 土豆削皮，切成4等份。往锅中放入足量的水煮土豆，放入一小撮盐，保持水微微沸腾的状态，煮至土豆变软（用扦子可轻易穿入的程度）。
❸ 用篦子挡住土豆，倒掉水，用饭铲捣碎土豆。加入步骤❶、生奶油，充分搅拌，放入盐调味。
❹ 在2片面包片上涂抹步骤❸，放上去根的花椰菜芽，再跟另2片涂抹过黄油的面包片分别夹紧做成三明治即可。

要点

趁土豆高温时放入鳕鱼子和生奶油搅拌，多余的水分会蒸发掉，口感更柔滑。

038 Keema curry sandwich
肉末咖喱三明治

加入足量蔬菜的肉末咖喱三明治。点缀上色彩鲜艳的蛋卷，美味午餐就完成了。

材料（2人份）

切片面包…………4片	A 酱油、伍斯特沙司
洋葱…………半个	…………各1小勺
番茄…………1个	盐、胡椒………各适量
猪肉馅…………100克	黄油…………5克
咖喱粉…………2小勺	鸡蛋…………1个
	沙拉菜…………2片

制作方法

❶ 洋葱切粗末，番茄切成1厘米丁状。

❷ 平底锅中不放油，干炒肉馅，炒至肉馅变色时放入步骤❶，再炒至洋葱末变软，放入¼小勺盐、咖喱粉继续翻炒。倒入2大勺水（分量外），盖上锅盖小火煮5分钟。

❸ 加入A，如果觉得水多较稀，则调成高火煮掉水分，加入盐、胡椒调味。

❹ 制作蛋卷。加热平底锅，放入黄油熔化，倒入打好的鸡蛋。沿锅边翻炒鸡蛋，直至半熟状态后取出。

❺ 在2片面包片上薄薄涂抹一层黄油（分量外），依序放上沙拉菜、步骤❹、步骤❸，再跟另2片面包片分别夹紧即可。

要点

肉馅如果水分过多，面包会变黏失去良好口感。请注意把肉汁炒干，保持肉馅干燥。

039 Grilled pumpkin and cream cheese sandwich
烤南瓜奶酪三明治

甘甜的南瓜与奶油奶酪非常搭配。加入少许咖喱粉起到轻度提味效果。

材料（2人份）

面包圈…………2个	奶油奶酪…………4大勺
南瓜（去籽）……100克	水芹…………2根
橄榄油…………1小勺	
A 咖喱粉………⅛小勺	
白糖………半大勺	
酱油………1小勺	
水…………2大勺	

制作方法

❶ 尽可能将南瓜切成薄片。往锅中倒入橄榄油，加热后摆入南瓜片，中小火烧南瓜。两面呈现金黄色时，倒入A煮至收汁。

❷ 切开面包圈，轻度烘烤后涂抹奶油奶酪，夹入步骤❶的南瓜片，再加上一些水芹即可。

040 Cucumber and steamed chicken with miso paste sandwich
黄瓜酱鸡肉三明治

按照棒棒鸡的感觉制作的鸡肉+黄瓜组合馅料。制作中式风格的三明治时，当然要多浇上一些鸡肉与味噌的酱汁。

材料（2人份）

切片面包	4片	盐	⅓小勺
黄瓜	1根	酒	1小勺
盐	一小撮	B 赤味噌、蜂蜜	
A 鸡胸肉	半片		各1小勺
薄姜片	2片	白芝麻	2大勺

制作方法

❶ 黄瓜斜向切片，撒上盐。

❷ 往耐热容器中放入A，腌肉。鸡皮朝上，裹上保鲜膜，用微波炉加热2分半钟。待热度下降时取出鸡肉（不要倒掉肉汁），去掉鸡皮与肥肉，切片。

❸ 把1大勺蒸鸡肉的肉汁与B混合搅拌均匀。

❹ 在面包片上涂抹步骤❸，依序放上鸡肉、沥干水后的黄瓜即可。

041 Roast meat and kinpira sandwich
牛蒡丝烤肉三明治

夹入牛肉、牛蒡的面包圈三明治，芹菜叶和芥末更能为舌头带来清凉感。

材料（2人份）

面包圈	2个	A 白糖、酒、胡椒	
牛蒡	⅓根		各1大勺
胡萝卜	⅓根	白芝麻	1大勺
芹菜叶	¼包	B 蛋黄酱	1大勺
芝麻油	2小勺	芥末	小半勺
牛碎肉	70克		

制作方法

❶ 牛蒡、胡萝卜切细丝。芹菜叶切成2厘米长。

❷ 往平底锅中倒入芝麻油加热，放入牛肉、牛蒡丝、胡萝卜丝翻炒。菜全部沾上油后，加入A煮收汁，撒上白芝麻继续翻炒。

❸ 横向切开面包圈，轻度烘烤后，涂抹搅拌均匀的B，然后依序夹入步骤❷、芹菜叶即可。

要点

把蔬菜中的水分炒干。但是注意不要炒糊，一定要控制好火候。

042 Pastrami and avocado sandwich
牛油果五香牛肉三明治

黑胡椒味道的五香牛肉搭配黑麦面包是绝配。
撒有柠檬汁的牛油果与牛肉更是绝配。再加上足量蔬菜，一款非常独特的三明治就
做好了。

材料（2人份）

黑麦切片面包············ 4片
紫洋葱··················· ⅛个
牛油果·················· 半个
五香牛肉··············70克
柠檬汁················· 1小勺
圆生菜·················· 2片
黄油、盐、胡椒·····各适量

制作方法

❶ 紫洋葱切丝，用醋水浸泡10分钟以上，之后用冰水清洗干净，裹上屉布沥干水分。牛油果切成1厘米宽。

❷ 轻度烘烤面包片后，涂抹黄油。在2片面包片之间夹入五香牛肉、牛油果，撒上柠檬汁、盐、胡椒，再摆上沥干水的洋葱丝、圆生菜。最后跟另2片面包片分别夹紧即可。

柠檬汁可以防止牛油果肉氧化变色，还可熔化五香牛肉的油脂。

043 Pumpkin and maple salad sandwich

枫糖南瓜三明治

奶油般的南瓜沙拉加上枫糖汁，能够凸显核桃仁的香味。与带有淡淡苦味
的芝麻菜搭配在一起，就成为了一款非常适合女士食用的三明治。

材料（2人份）

切片面包	4片
南瓜（去籽）	200克
A ┌ 盐	⅓小勺
├ 枫糖汁	2小勺
└ 咸奶油	2大勺
核桃仁	8块
芝麻菜	2颗
黄油	适量

制作方法

❶ 切下一大块南瓜，包上保鲜膜，放入微波炉加热3分钟。

❷ 把步骤❶放入碗中碾碎，加入A充分搅拌。

❸ 烘烤面包。在2片面包片上涂抹步骤❷，放上核桃仁、切成3厘米的芝麻菜，然后跟另2片抹过黄油的面包片分别夹紧做成三明治即可。

044 Miso pork and cabbage sandwich
酱猪肉卷心菜三明治

多汁的猪肉香味渗入法棍面包，最适合午餐享用！干烧的馅料看上去就很健康。

材料（2人份）

法棍面包………… ⅔根　　卷心菜…………… ⅛个
猪排肉切片……… 60克　　酒………………1大勺
A｜生姜末、白糖、红味　　黄油、小葱、芝麻
　　增………各2小勺　　…………… 各适量
洋葱…………… ¼个

制作方法

❶ 用A腌猪肉。洋葱切细丝，卷心菜切碎。
❷ 往平底锅中铺入洋葱丝、卷心菜，放入猪肉，顺锅边一圈倒入酒。盖上锅盖调中火干烧5分钟后打开锅盖充分搅拌。如果锅内还有汤汁，调成高火烧干。
❸ 法棍面包切成2半，斜向切出开口，薄薄涂抹一层黄油，夹入步骤❷、小葱与芝麻即可。

要点 少量的汤汁含有很浓厚的香味，可以适当让法棍面包吸收。但是注意汤汁不要过多，请控制好汤汁的量。

045 Schnitzel and red cabbage sandwich
紫甘蓝炸猪排三明治

炸猪排是澳大利亚的特色菜品，把肉拍薄后炸制而成。搭配色彩鲜艳的紫甘蓝，让人吃得清爽，吃得舒心。

材料（2人份）

切片面包…………… 4片　　炸猪排…………… 1片
紫甘蓝…………… ½个　　盐、胡椒……… 各适量
　　　（约120克）　　小麦粉、鸡蛋液、面包
A｜盐 …………… ¼小勺　　屑、炸肉油…… 各适量
　　白糖、橄榄油　　芥末酱………… 适量
　　………各1小勺　　肉排酱…………… 2小勺
　　醋 …………1大勺

制作方法

❶ 往碗中放入紫甘蓝丝，裹上保鲜膜微波炉加热1分钟。趁热与A混合搅拌，之后放置冷却。
❷ 用保鲜膜包住猪肉后，用拍肉工具或空酒瓶拍打。切成2半，撒上盐、胡椒，裹上小麦粉和鸡蛋液，再裹好面包屑。
❸ 往平底锅中倒入炸肉油，约1厘米高，中火热油，放入步骤❷煎炸。两面片炸出金黄色后捞出控油。
❹ 在2片面包片上涂抹芥末酱，依序放上步骤❶、步骤❸，浇上肉排酱，最后跟另2片面包片分别夹紧即可。

要点 仔细拍打肉排可使口感更松软，另外，肉拍扁后还更容易炸熟。

046 Walleye pollack roe cream and watercress sandwich
水芹奶油明太鱼籽三明治

明太鱼籽和咸奶油组合成味道浓厚的鱼子酱，再足量夹入带有苦味的水芹，成熟朴素的味道令人回味无穷。

材料（2人份）

面包圈…………	2个	咸奶油…………	3大勺
明太鱼…………	1条	水芹…………	1把

制作方法

❶ 往保鲜膜上放置明太鱼，切开细小的切口，用刀背取出鱼籽（约3大勺）。

❷ 将步骤❶与咸奶油混合搅拌。

❸ 切开面包圈，稍加烘烤，涂上步骤❷，夹入切成3厘米的水芹。

要点

在保鲜膜上操作会更容易取出鱼籽。用刀背横向切开口，就能做到仅留一层薄皮。

047 Anchovy and egg,vegetables sandwich
蔬菜风味凤尾鱼三明治

煮鸡蛋与凤尾鱼，一种味道搭配良好的组合。
夹入足量的蔬菜，一盘靓丽的三明治就完成了。

材料（2人份）

切片面包………	4片	凤尾鱼…………	2块
鸡蛋…………	2个	生菜…………	2片
番茄…………	半个	黄油…………	适量

制作方法

❶ 用锅煮沸白水，加入少许盐，轻轻放入鸡蛋煮熟，之后放在冷水中去壳。

❷ 把煮鸡蛋切成片，番茄切成7毫米厚的圆片。

❸ 稍稍烘烤面包片后涂抹黄油。在2片面包片里分别夹入生菜、番茄片、鸡蛋、撕碎的凤尾鱼肉，再跟另2片面包片分别夹紧即可。

要点

放太多凤尾鱼肉会使三明治口味变得又咸又辣，只夹入少许即可。

包装技巧

带盒饭、送慰问，在需要携带三明治时，蜡纸就成了最方便的工具。
隔着蜡纸能模糊看到里面的三明治，让人按耐不住食欲。
下面介绍一些时尚面包店的包装手法。

携带三明治时推荐使用

包装用纸（左）与奶糖纸（右）。请自行根据三明治的口味与食用
场合等条件判断使用哪一种。

部分材料

蜡纸不容易渗油，有纯色的蜡纸，也有带文
字的，种类很多。

蜡纸包装手法（奶糖纸也一样）

❶三明治放到包装纸中心

在包装纸中心放置三明治。纸张大小应
为三明治面积的3倍大。太小可是包不
住的。

❷上下重叠包裹

抓住上下两侧卷起来，让纸两端重叠。
提起来的时候斜向拿起，尽量保证三明
治不要错位。

❸从面前往上翻折

在纸上下两端重叠的状态下，从面前自
下向上折一折。不要用力过度，否则会
挤烂三明治。

❹再次翻折

折过一次后，再次翻折。这时候也要保
证三明治不要错位，用手轻轻按住纸
张。

❺折叠左右两端

上下折叠后，开始折叠左右两端。按图
所示向中心折叠，然后向下按平，暂时
不用在意外观。

❻向下折叠两端

捏住一端向下折叠，另一端也同样。

PART

04

*Aperitif & Gourmet
Sandwich*

晚 餐 和 零 食 用

美味可口三明治

三明治=早餐or午餐——这种想法太糟糕了！

只要在食材上下点功夫，

豪华的晚餐三明治、宵夜三明治、

待客用三明治等也不是不可能的。

来吧，准备你喜欢的美酒，

来开始晚间的SANDWITCH LIFE吧？

048 Steak tartare tartine
多汁碎牛排三明治

在法餐的多汁牛排上下功夫改造出的法式风格三明治。半熟的鲜嫩牛肉非常适合意大利香醋酱汁。可在食用这款三明治时搭配红酒享用。

材料（2人份）

法棍面包	⅔根
牛排肉	1片（180克）
紫洋葱	⅛个
红辣椒	¼个
芝麻菜	1棵
橄榄油	1小勺
意大利香醋	2大勺
刺山柑酱	1大勺
盐、胡椒	各适量

制作方法

① 在烤肉之前先在室温放置30分钟恢复常温。紫洋葱、红椒切碎末，芝麻菜切成2段。

② 用厨房用纸擦掉肉的水分，多撒盐和胡椒。

③ 往平底锅中倒入橄榄油，高火热油，放入肉煎1分钟，反面调至中火再煎1分钟。取出后放在切菜板上放置1分钟，切成碎肉丁。

④ 往步骤③的平底锅中倒入意大利香醋，香醋与肉汁煮到黏稠。

⑤ 往碗中放入牛排肉、紫洋葱、红辣椒、盐、胡椒以及步骤④，迅速搅拌均匀。

⑥ 法棍面包切成2段，横向切出开口，夹入步骤⑤、芝麻菜，再倒上少许橄榄油（分量外）。

要点

用牛肉做三明治时需要使用高品质的肉。但是用肉末时就不用在意这些，可以使用价格合适的牛肉。

049 Tandoori chicken sandwich
印度烤鸡肉三明治

烘烤出香味的面包夹上咸味十足的印度烤鸡。
腌制一晚的鸡肉拿出来直接制作，工序简单！
美味的肉汁与面包上的黄油更是让人赞叹不已。

材料（2人份）

切片面包······························· 4片
A｜鸡肉（腿肉或胸肉都可以）··· 1片
　｜酸奶 ··························50毫升
　｜干燥香草（牛至、罗勒等）、盐
　｜··························· 各1小勺
　｜胡椒 ··························· 适量
　｜生姜末、小麦粉、咖喱粉、番茄酱
　｜··························· 各1大勺
生菜································· 2片

制作方法

❶ 在食材保鲜袋中放入A，腌肉，放入冰箱冷藏一晚。

❷ 取出鸡肉放在切菜板上，鸡皮朝上，用预热至200℃的烤箱烘烤20分钟左右，烤至表皮焦脆。稍稍放置冷却后切成条状。

❸ 稍稍烘烤面包后，涂抹步骤❷中剩余的肉汁，放上生菜、鸡肉即完成。

要点

用刷子或勺子取烧烤的肉汁涂抹在面包上，美味倍增，同时还能防止面包干燥。

要点

鸡肉切成条后更易咀嚼，口感更好。

050 Ethnic shrimp toast

民族风味虾酱吐司

多汁和香浓两个特点搭配起来，这就是人气零食"虾酱吐司"。
用少量的油煎炸，制作起来非常简单。
绿紫苏卷在外面，口感清爽。

材料（2人份）

8片装切片面包	2片
冷冻虾仁	100克
洋葱	⅛个
A ┌ 土豆淀粉、酒、姜汁	各1小勺
│ 鸡蛋液	¼个
└ 盐、胡椒	各少许
橄榄油	2大勺
绿紫苏	8片
甜辣酱、白芝麻	各适量

制作方法

❶ 用流动水冲洗虾仁解冻，彻底沥干水分，用菜刀拍碎。

❷ 洋葱切碎末与步骤❶混合，再用菜刀剁成酱状。倒入碗中，加入A充分搅拌。

❸ 面包切成4等份，涂抹步骤❷，撒上白芝麻。

❹ 往平底锅中倒入橄榄油加热，放入虾酱，将虾酱放在步骤❸上中低火烤3分钟。烤出颜色时翻面，再烤两三分钟。

❺ 步骤❹卷上绿紫苏叶，准备好甜辣酱即可食用。

要点

用菜刀剁虾仁和洋葱时，手不用握刀把太紧。

051 Dried tomato and rocket sandwich
风干番茄芝麻菜三明治

风干番茄的油汁抹到法棍面包上。
是一款适合搭配葡萄酒的意式三明治。

材料（2人份）

法棍面包······················ ⅔根
芝麻菜······························ 3棵
A│意大利香醋 ········· 1小勺
 │油腌干番茄 ········· 2大勺
金枪鱼罐头···················· 1小罐
橄榄································· 4粒

制作方法

❶ 芝麻菜切成4厘米的段状，用A拌菜。
❷ 法棍面包切成2半，横向切出开口，依序夹入步骤❶、沥干罐头汁的金枪鱼肉、橄榄片即完成。

要点

油腌干番茄比纯干燥的番茄干更合适。除了制作三明治以外，还可以用于制作意面。如果有时间可以多做一些保存起来备用。

【油腌干番茄】

材料（容易制作的分量）

番茄干························· 50克
A│月桂叶 ·············· 半片
 │热水 ·············· 50毫升
橄榄油······················ 80毫升

制作方法

❶ 把番茄干用剪刀剪成丝，放入保存瓶中，放入A，盖上盖子放置一晚。
❷ 往步骤❶中添加橄榄油，放到冰箱中腌制一晚。油腌番茄干可以保存1个月，只是用番茄干的油汁抹面包吃也很美味。

052 Eggplant and soybean-curd paste sandwich
茄子豆腐酱口袋饼

茄子酱与孜然粉、柠檬汁的搭配，是中东的民族特色菜品风味。
这里加入了豆腐，让口感更顺滑，菜品健康美味。

材料（2人份）

口袋饼	1个
豆腐	100克
茄子	2根
A 盐	⅔小勺
孜然粉	小半勺
（可用¼小勺咖喱粉代替）	
柠檬汁	1小勺
橄榄油	1大勺
香菜	1棵
辣椒粉	适量

制作方法

❶ 用厨房用纸包住豆腐，放入微波炉加热1分钟，取出后用重物压住冷却，彻底沥干水。

❷ 去掉茄子蒂，用刮皮刀刮掉茄子皮，快速用水冲洗后，带着水包上保鲜膜，微波炉加热2分钟。等不烫手时取下保鲜膜，切成碎末备用。

❸ 用研磨钵或碗盛步骤❶、步骤❷，放入A，充分搅拌成酱状。

❹ 口袋饼切成2半，放入步骤❸、切碎的香菜，撒上少许辣椒粉即可。

要点

碗中放入茄子与豆腐，用捣蒜器研磨成酱状。如果没有捣蒜器，可用打蛋器代替。

053 Liver and apple paste canape
苹果鸡肝酱抹面包

带有水果香味的苹果鸡肝酱。
只使用了少量黄油，更加健康。
现做现吃的新鲜感才是自制的乐趣。

材料（2人份）

法棍面包	⅔根
鸡肝	150克
大蒜	半头
洋葱	¼个
苹果	¼个
黄油	10克
百里香	3枝
A 盐	⅓小勺
红酒、意大利香醋	
	各1大勺
胡椒	适量
百里香	适量

制作方法

❶ 鸡肝切成大块，去掉脂肪。用浓度较高的盐水（分量外）浸泡10分钟除去血沫。清水洗净后彻底沥干水。大蒜、洋葱和苹果切成碎末。

❷ 往平底锅中放入黄油、大蒜，打开中火加热。香味飘出时放入洋葱末、苹果末、百里香，中火翻炒均匀。

❸ 食材炒软后放入鸡肝翻炒，待鸡肝变色放入A继续翻炒。鸡肝炒熟后撒上胡椒，关火（炒老了会有鸡肝独特的臭味，一定要注意）。

❹ 用容器搅拌步骤❸，搅至酱状。

❺ 在切成薄片状的法棍面包上涂抹步骤❹，撒上百里香即可。

肝炒老了会有臭味，所以稍加翻炒即可。炒鸡肝的肉汁很提味，与鸡肝一起倒入容器中搅拌，不用把水分彻底炒干。

`054` Roast beef with raspberry sauce sandwich
树莓烤牛肉三明治

多汁的烤牛肉与酸爽的树莓可以在口中演奏出美妙的韵律。
请与桃红酒、较清口的红酒一起搭配享用。

材料（2人份）

法棍面包…………………………	⅔根
冷冻树莓…………………………	20克
烤牛肉（用上山葵、酱汁）…………	
	100克
洋葱………………………………	¼个
水芹………………………………	半束
黄油………………………………	适量

制作方法

❶ 解冻树莓，与山葵混合。

❷ 洋葱切细丝，放入60℃温水中浸泡5分钟，捞出后用冰水搓洗。裹上屉布沥干水分。水芹切成3厘米小段，牛肉与酱汁一起拌好。

❸ 法棍面包切成2半，横向切出开口，涂抹黄油。依序夹入烤牛肉、洋葱、水芹，撒上步骤❶。

要点

市面上的烤牛肉和山葵与树莓混合在一起搅拌。辣味与酸味混在一起，颜色鲜艳的酱汁就完成了。

055 Balsamic vinegar and tomato open sandwich
意式番茄香醋三明治

用烤炉烤过后，水分蒸发得恰到好处，味道也很浓厚，美味得到浓缩。
快来品尝这特别的番茄美味吧。

材料（2人份）

法棍面包·······················⅓根
番茄（大个）···················1个
A ┃ 意大利香醋 ··············· 1小勺
　┃ 蜂蜜、橄榄油 ············· 各2小勺
古老也奶酪（末状）··········· 2大勺

制作方法

❶ 番茄随意切成大块，与A拌在一起。

❷ 切菜板上铺好锡纸，放上切开的法棍面包，浇上步骤❶的汁，撒上古老也奶酪。

❸ 面包放入预热1分钟的烤炉内，烤5分钟左右直至烤焦。

要点

番茄的汁水也倒在法棍面包上。多余的水分在烘烤时会蒸发掉，不用担心水分问题。

056 Carottes Rapees and cottage cheese sandwich

农夫奶酪萝卜丝三明治

法式经典开胃菜"胡萝卜丝"运用到三明治里。
颜色诱人，让人欲罢不能。

材料（2人份）

切片面包⋯⋯⋯⋯4片	柠檬汁、橄榄油
胡萝卜⋯⋯⋯⋯ 半根	⋯⋯⋯⋯⋯各1小勺
盐⋯⋯⋯⋯ ¼小勺	农夫奶酪⋯⋯⋯6大勺
A 葡萄干⋯⋯⋯1大勺	橄榄油⋯⋯⋯ 适量
胡椒⋯⋯⋯ 适量	

制作方法

❶ 用切丝器把胡萝卜切成丝（也可用菜刀切），加入盐。胡萝卜变软时加入A搅拌，放置1小时以上。

❷ 在2片面包上摆好农夫奶酪、沥干水的步骤❶，再跟另2片涂抹过橄榄油的面包片分别夹紧即可。

要点

用切丝器切胡萝卜是最方便的，这样会比用菜刀切得断面更粗，容易腌制。

057 Tomato and avocado and oiled sardine sandwich

番茄牛油果沙丁鱼三明治

沙丁鱼加上酱油就是日本人最喜爱的味道！
本品三明治适合搭配啤酒享用。

材料（2人份）

带边的切片面包⋯ 4片	牛油果⋯⋯⋯⋯ 半个
沙丁鱼罐头⋯⋯⋯ 半罐	柠檬汁⋯⋯⋯ 2小勺
酱油⋯⋯⋯ 1小勺	黄油、盐、胡椒⋯⋯⋯
番茄⋯⋯⋯⋯ 半个	⋯⋯⋯⋯ 各适量

制作方法

❶ 沥干沙丁鱼罐头里的汁，浇上酱油。番茄切成5厘米厚。牛油果切成5厘米厚，浇上柠檬汁。

❷ 稍稍烘烤面包，涂抹黄油，依序夹入番茄、牛油果、沙丁鱼肉，加入少许盐和胡椒，最后根据个人喜好可以再挤些柠檬汁（分量外）。

要点

在牛油果上浇上柠檬汁，不仅可以防止氧化变色，还可以使牛油果与沙丁鱼更加搭配。

058 Rum raisin and salami canape
意大利腊肠朗姆葡萄酱抹面包

奶酪、朗姆葡萄酱、意大利腊肠。
浓缩的美味组合成神奇的餐前菜品。

材料（2人份）

法棍面包········· ⅓根　　意大利腊肠······ 10片
奶油奶酪······ 100克　　欧芹叶··········· 适量
朗姆葡萄酱······2大勺

制作方法

❶ 放至常温的奶油奶酪与朗姆葡萄酱一起搅拌均匀。

❷ 在切成1厘米厚的法棍面包上涂抹步骤❶、放上意大利腊肠与欧芹叶即可。

059 Tapenade verte and scallop canape
扇贝橄榄酱抹面包

黑橄榄油与凤尾鱼、刺山柑混合，即做成了法国南部的地方特色 "Tapenade"。
这里用绿橄榄与香草稍加点缀，配合扇贝的鲜味。

材料（2人份）

法棍面包················⅓根　　刺身用扇贝（小）··· 10个
绿橄榄（去籽）··· 10粒　　盐、胡椒··········· 各适量
百里香················· 4枝
柠檬汁、橄榄油············
··················· 各小半勺

制作方法

❶ 绿橄榄切末，放入2枝百里香的叶。

❷ 往研磨钵里放入步骤❶、柠檬汁、橄榄油，搅拌成酱状。

❸ 把步骤❷抹到切成1厘米厚的法棍面包上，放上扇贝，撒盐、胡椒，放上剩余的百里香。用预热1分钟的烤炉烘烤3分钟即可。

060 Blue cheese and banana canape
香蕉蓝芝士抹面包

奶酪的咸味与香蕉的甜味混合到一起，产生令人回味无穷的味道。
让整体味道稍稍带有一些刺激的黑胡椒味也是必需的。

材料（2人份）

法棍面包	⅓根
香蕉	2根
蓝芝士	50克
蜂蜜、胡椒	各适量

制作方法

❶ 香蕉切成薄片，蓝芝士也切成薄片。

❷ 在切成1厘米厚的法棍面包上摆上蓝芝士片、香蕉片，浇上蜂蜜撒上胡椒即可。

061 Fava beans paste and uncured ham canape
生火腿蚕豆酱抹面包

蚕豆末与咸味的火腿肉搭配到一起，就是一道美味的三明治馅料。
最后撒上一些胡椒粉，令味道大幅提升。

材料（2人份）

法棍面包	⅓根	火腿肉（大）	2片
冷冻蚕豆	150克	胡椒粉	适量
A 柠檬汁	1小勺		
橄榄油	1大勺		
盐	少许		

制作方法

❶ 解冻蚕豆，去皮。用捣蒜器捣碎，加入A调味。

❷ 将步骤❶涂抹在切成1厘米厚的法棍面包片上，将切好的火腿肉放在上面，撒上胡椒粉即可。

专栏
04

适用于酒会的面包和面包酱

如果你在烦恼该在家庭酒会上展露什么自带的美食，那要不要考虑一下零食用的三明治呢？在切好的法棍面包上涂抹自己准备好的各种酱汁，简简单单就完成了。

有了美味的葡萄酒与三明治，愉快的畅谈应该能延长到深夜。

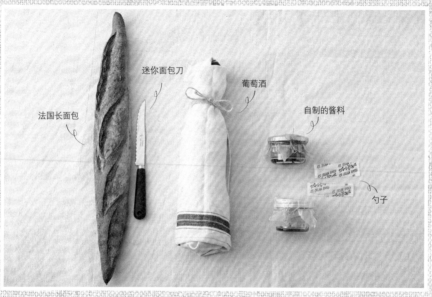

迷你面包刀

葡萄酒

法国长面包

自制的酱料

勺子

法棍面包、迷你面包刀、葡萄酒、自制的酱料、勺子，这些就是常见的组合了。裹在酒瓶外的亚麻布可防止酒瓶碰碎，还可以用来拧开瓶盖。

把自制酱料放入洗净的瓶中，用蜡纸包好，配上吃冰淇淋用的小木勺。用胶布贴上标签，分类一目了然。拆开的蜡纸还有另一个用途——放置使用过的小木勺。

PART

05

Hot
Sandwich

馅料的无限美味

热乎乎的精品三明治

把剩菜、冰箱中长期保存不常使用的食材夹到面包里稍稍烘烤!

尝一口这热腾腾的三明治,

你一定会为这种前所未有的美味而露出笑容。

这里不用专业的三明治机器,

而用平底锅就能轻松制作。

062 Asparagus and kidney beans hot sandwich

扁豆芦笋三明治

切开面包后可以看到断面整齐的绿色芦笋和扁豆。
容易掉落的条状蔬菜，就用奶酪当黏合剂好了。

材料（2人份）

8~10片装切片面包 ……… 4片
盐……………………………少许
芦笋……………………… 4根
扁豆……………………… 4根
披萨奶酪………………… 4大勺
橄榄油…………………… 1小勺

制作方法

❶ 平底锅中倒入水烧开，加入盐，放入芦笋、扁豆焯一下捞出，放置到不烫手时去根，切成2段。

❷ 在2片面包上放一半的披萨奶酪，交替摆放芦笋和扁豆，再放上剩余的披萨奶酪，跟另2片面包片分别夹紧。

❸ 往平底锅中倒入橄榄油加热，摆上步骤❷，上面放上饭铲压住，中低火烤3分钟。烤出焦色时翻面，再烤2~3分钟。

要点

\ 检查馅料 /

用平底锅烘烤面包时，用饭铲等工具当作重物压在上面，可以使面包表层烤出均匀的金黄色，馅料也能被压实。

芦笋与扁豆交替摆放时，切开面包就能呈现出非常整齐的馅料，很有卖相。均匀放上披萨奶酪可以黏合住这些蔬菜。

063 Mexican sausage hot sandwich

墨西哥香肠三明治

烤肠、玉米芯、秋葵，多彩的颜色给人深刻的南国印象，加上辣椒粉就做出
了地方特色。
选用蒸烧的方法，让馅料受热充足、均匀。

材料（2人份）

8~10片装切片面包 ………	4片
辣酱…………………………	适量
烤肠…………………………	4根
玉米芯………………………	4根
秋葵…………………………	2根
A ┃ 辣椒粉……………………	⅓小勺
┃ 番茄酱……………………	2小勺
橄榄油………………………	1小勺

制作方法

❶ 在2片面包片上涂抹辣酱，交替摆放烤肠、玉米芯和秋葵，抹上A后跟另2片面包片分别夹紧。

❷ 用平底锅加热橄榄油，放上步骤❶，用饭铲等物体当作重物压上，中低火烘烤3分钟。烤出金黄色时，翻面，再烘烤2~3分钟。

\ **检查馅料** /

在一片面包上涂抹调味料，另一片面包上摆放食材。秋葵放在正中间，两边摆放烤肠和玉米芯。

064 Avocado and mozzarella cheese hot sandwich

马苏里拉奶酪牛油果三明治

牛油果和马苏里拉奶酪加热过后变得口感柔软。少量的酱油可以使三明治
的整体味道更佳。

材料（2人份）

8~10片装切片面包 ······ 4片
西葫芦······················10厘米
牛油果······················ 半个
马苏里拉奶酪··············· 半个
芥末························ ¼小勺
酱油························ 小半勺
橄榄油····················· 1小勺

制作方法

❶ 西葫芦纵向切成薄片。牛油果切成7毫米厚。马
苏里拉奶酪切成1厘米厚。

❷ 2片面包片上涂抹芥末酱，依序夹入牛油果、西
葫芦、马苏里拉奶酪，浇上酱油，再跟另2片面包
片分别夹紧。

❸ 平底锅加热橄榄油，摆上步骤❷，用饭铲压
住，中低火烘烤3分钟。底面烤出金黄色时翻面再
烤2~3分钟。

\ 检查馅料 /

一片面包片上涂抹芥末
酱，另一片面包片上摆
放牛油果、西葫芦、奶
酪，滴上几滴酱油。

065 # Welsh onion and king trumpet mushroom with yuzu pepper hot sandwich

柚子胡椒口味大葱杏鲍菇三明治

香味十足的大葱、口感饱满的杏鲍菇。
酱油与柚子胡椒搭配出和式三明治。

材料（2人份）

8~10片装切片面包 …4片		酱油…………………… 1小勺
大葱………………… 10厘米		柚子胡椒…………… ¼小勺
胡萝卜………………… 2厘米		披萨奶酪…………… 4大勺
杏鲍菇………………… 1根		橄榄油………………… 1小勺

制作方法

❶ 大葱切成5厘米长的葱丝。胡萝卜切丝。杏鲍菇切成2半后撕成细丝。

❷ 碗中放入酱油和柚子胡椒混合，加入步骤❶和披萨奶酪搅拌，夹入面包片中做成三明治。

❸ 用平底锅加热橄榄油，摆上步骤❷，用重物压在上面，小火烘烤3分钟。底面烤出金黄色时翻面再烤2~3分钟。

\ 检查馅料 /

加热时，蔬菜会缩小，因此建议多放些食材。

066 # Apple and camembert cheese hot sandwich

卡门贝尔奶酪苹果三明治

苹果的爽脆口感，肉桂的香味，奶酪的咸味和粗麦面包的酸味形成了完美的平衡味道。

材料（2人份）

8~10片装切片面包 …4片		蜂蜜…………………… 2小勺
苹果………………… 半个		肉桂………………… 适量
卡门贝尔奶酪（也可用披萨奶酪等代替）…… 半个		橄榄油………………… 1小勺

制作方法

❶ 苹果去核，带着皮切成牙状，卡门贝尔奶酪切成1厘米厚。

❷ 往2片面包片上涂抹蜂蜜，放上苹果、卡门贝尔奶酪，撒些肉桂，再跟另2片面包片分别夹紧。

❸ 用平底锅加热橄榄油，摆上步骤❷，用重物压在上面，小火烘烤3分钟。底面烤出金黄色时翻面再烤2~3分钟。

\ 检查馅料 /

这款三明治很适合用于早餐，也适合搭配葡萄酒。奶酪选用奶酪片代替也可以。

067 Cabbage and curry hot sandwich
咖喱卷心菜三明治

昨天剩下的咖喱摇身一变成美味！
夹入爽脆的卷心菜，新的美味诞生了。

材料（2人份）
8~10片装切片面包 …4片
咖喱（速食咖喱也可以）
…………………1餐份
卷心菜…………………3片
披萨奶酪…………………4大勺
橄榄油…………………1小勺

制作方法
❶ 平底锅中放入咖喱，开高火边煮边用饭铲搅拌（如果有大块的食材在内，则碾碎）成酱状。
❷ 关掉步骤❶的火，加入卷心菜丝和披萨奶酪，充分搅拌后夹入面包片中。
❸ 用平底锅加热橄榄油，摆上步骤❷，用重物压在上面，小火烘烤3分钟。底面烤出金黄色时翻面再烤2~3分钟。

要点
咖喱含水分较多，不太适合面包，因此要把咖喱的水分煮干。

068 Japanese stall "YATAI" hot sandwich
日式屋台风三明治

让人联想到章鱼烧的酱汁和鲣鱼花。
请在面包中夹入足量的豆芽菜。

材料（2人份）
8~10片装切片面包 …4片
竹轮…………………1根
小葱…………………1根
豆芽菜……半包（100克）

A 鲣鱼花 …………1小把
鹌鹑蛋 …………2个
蛋黄酱、中浓酱汁 …
………各1小勺
橄榄油…………………1小勺

制作方法
❶ 竹轮切成5厘米宽，小葱切小段。
❷ 碗中放入步骤❶、豆芽菜、A充分搅拌，夹入三明治中。
❸ 用平底锅加热橄榄油，放入步骤❷，用重物压在上面，小火烘烤3分钟。底面烤出金黄色时翻面再烤2~3分钟。

检查馅料

烘烤面包时，蔬菜也会受热，因此直接夹入生豆芽菜也可以。这样口感更加新鲜。

069 Corn salad hot sandwich
玉米沙拉三明治

热乎乎的玉米粒让口中充满了新鲜的味道！甜味更加鲜明。

材料（2人份）

8~10片装切片面包 … 4片	洋葱·················⅛个
玉米罐头··············1小罐	西芹···············少许
（130克）	披萨奶酪···········4大勺
红椒···············¼个	橄榄油··············1小勺

制作方法

❶ 去掉玉米罐头里的水分，红椒切成1厘米的小块，洋葱、西芹切成碎丁。

❷ 碗中放入步骤❶，放入披萨奶酪搅拌，之后夹入三明治。

❸ 用平底锅加热橄榄油，摆上步骤❷，用重物压在上面，小火烘烤3分钟。底面烤出金黄色时翻面再烤2~3分钟。

\ 检查馅料 /

切成碎丁的馅料容易从面包中掉出来，但是放入奶酪能起到黏合剂的作用，馅料便不再容易掉落。

070 Ham egg hot sandwich
火腿鸡蛋三明治

即使是三明治常用的食材，加热之后也能拥有大不同的口味。

口感厚重的英格兰松饼也带来了不同的新感觉。

材料（2人份）

英格兰松饼···········2个	火腿··············2片
生菜·················2片	鹌鹑蛋············2个
番茄···············¼个	橄榄油············1小勺

制作方法

❶ 撕碎生菜，番茄切成5厘米厚牙状。

❷ 横向切开英格兰松饼，夹入生菜、火腿，正中心夹入番茄，在凹陷处摆上鹌鹑蛋。将加入馅料的英格兰松饼夹紧。

❸ 用平底锅加热橄榄油，摆上步骤❷，用重物压在上面，小火烘烤3分钟。底面烤出金黄色时翻面再烤2~3分钟。

\ 检查馅料 /

英格兰松饼上面顺序放生菜、火腿、番茄。番茄放在中心便能有凹陷处，可以放入鹌鹑蛋。

071 Spinach and salmon hot sandwich
菠菜鲑鱼三明治

即使是菠菜占多数比重的三明治，只要吃热的便能轻松
入口。
配合三文鱼和奶酪，营养均衡分数极高。

材料（2人份）

8~10片装切片面包 … 4片	菠菜……………………2棵
熏三文鱼……………… 4片	橄榄油………………1小勺
披萨奶酪………… 4大勺	

制作方法

❶ 2片面包片中夹入熏三文鱼肉、
披萨奶酪、切成3厘米段状的菠菜
后将面包片夹紧。
❷ 用平底锅加热橄榄油，摆上步
骤❶，用重物压在上面，小火烘烤
3分钟。底面烤出金黄色时翻面再
烤2~3分钟。

\ 检查馅料 /

三明治的魅力在于能
够让食用者简单摄入
充足的蔬菜。菠菜堆
成小山也没关系，加
热过后会缩水。

072 Cabbage and ham hot sandwich
火腿卷心菜三明治

稍加翻炒的卷心菜会有香甜的味道，这种甜味刚好搭配
火腿和起司。这是只有经典食材组合才会有的经典美
味，必定人人都喜爱。

材料（2人份）

8~10片装切片面包 … 4片	卷心菜……………………2片
火腿…………………… 2片	橄榄油………………1小勺
披萨奶酪………… 4大勺	

制作方法

❶ 2片面包片中夹入火腿、披萨奶酪、切成粗丝的卷心菜
丝，再跟另2片面包片分别夹紧即可。
❷ 用平底锅加热橄榄油，摆上步骤❶，用重物压在上面，
小火烘烤3分钟。底面烤出金黄色时翻面再烤2~3分钟。

三明治与饮品的最佳搭配组合

就像"豆沙面包与牛奶"一样,食物与饮料之间也有"最佳拍档"。
当然这些搭配有可能许多都是个人口味上的偏好,不过自己独创一些合适的搭配也是一件很有趣的事情。比如说,下面这些搭配组合您觉得如何呢?

蛋卷三明治和柠檬茶

让人联想到地铁边的茶饮店。少量的盐与蛋黄酱味、有着鸡蛋独特味道的三明治与简单清爽的柠檬茶会有很好的一致性。

南瓜三明治和豆奶拿铁

要说与柔滑甘甜的南瓜三明治搭配的最佳饮品,应该就是豆奶拿铁了。由于南瓜的甜味浓郁,推荐无糖拿铁。

鱼肉三明治和鲜果汁

焦脆的鱼皮,柔软的鱼身,蛋黄酱,这种层次感十足的三明治最适合搭配酸味的鲜果汁享用。如果是酒则推荐英国风格的啤酒。

炸火腿三明治和牛奶

嚼着足量酱汁的怀旧风格炸火腿三明治,让人想起在学校食堂享用午餐的光景,搭配牛奶最合适了。冲击感强烈的酱汁味可通过柔和的牛奶缓和。

法棍面包三明治和碳酸饮料

法棍这种硬质的面包最大的特点就是回味无穷的小麦香味,因此只要选择简单的饮料就好。品尝火腿、奶酪等咸味的食材时,喝一些刷新味觉的碳酸饮料是最好的了。

PART

06

*Sandwich
In The World*

尝遍特色味道

世界各地的三明治

世界各国都在吃三明治。

往面包中夹入各式食材是没有国境的吃法。

但是各国的食材、调味料却各有千秋。

美国、欧洲、中东、亚洲等等

尝尝这些重现当地味道的三明治，就能吃出旅途的味道。

073 **American clubhouse sandwich**

美式小酒馆三明治

烘烤过的面包中夹入鸡肉、鸡蛋、圆生菜、番茄，这是
最经典的美式三明治。
加入少许黄杏酱，让多汁的鸡肉味道更上一层楼。

材料（2人份）

切片面包	4片
鸡腿肉（小）	1片
盐	小半勺
胡椒	适量
培根	2片
鸡蛋	2个
A 辣酱	小半勺
蛋黄酱	2小勺
圆生菜	2片
番茄	半个
B 番茄酱、黄杏酱	各2小勺

制作方法

① 在鸡肉最厚的部分切出开口，撒上盐、胡椒腌至入味。

② 鸡皮朝下放入平底锅中，找重物盖住上方，中火烧12分钟左右。中途随时擦掉烧出的油脂。鸡皮变黄金色时翻面，另一面烧1分钟后取出，不烫手时切成条状。

③ 用同一个平底锅开火加热后烧培根，两面熟透时取出。

④ 打好鸡蛋，将打好的鸡蛋液倒入锅中，煎出大而薄的蛋卷。取出。

⑤ 烘烤面包，在2片面包片上涂抹A。摆上圆生菜、切成片状的番茄、蛋卷、培根、鸡腿肉，再跟涂抹过B的另一片面包片分别夹紧做成三明治。

要点

尽量把鸡皮烧得脆一些。在鸡肉上盖好锡纸，用锅等重物压上可以把下层的鸡皮烧得更香脆可口，同时还能防止鸡肉向上翘起变形。

要点

把鸡肉切成易于食用的大小，搭配起来就会非常棒。因此请把切成片状的番茄面上涂一层蛋黄酱等面包一起。

074 Hawaiian hamburger
🍔 夏威夷汉堡

加入酸甜口味的菠萝，三明治瞬间带有了夏之国度——夏威夷的感觉。
组合虽然有些单调，洋葱多肉少让本品三明治的健康满分。

材料（2人份）

汉堡面包	2个	白酒	2大勺
A 猪肉、牛肉混合肉馅		B 番茄酱	1大勺
	160克	伍斯特沙司、辣酱	
盐	小半勺		各1小勺
胡椒	适量	酱油	小半勺
鸡蛋	1个	菠萝片	2片
面包屑	5大勺	鸡蛋	2个
洋葱末	半个	圆生菜	2片
橄榄油	适量		

制作方法

❶ 碗中放入A搅拌，再打入鸡蛋搅拌。加入洋葱末与面包屑混合。捏出2块汉堡肉。

❷ 往平底锅中倒入2小勺橄榄油，中火加热后放入汉堡肉，煎变色时翻面，倒入白酒，调小火煮7分钟。

❸ 取出汉堡肉，往平底锅中加入B，与肉汁搅拌在一起后一并倒到空碗里。

❹ 洗净平底锅，再次点火，倒入橄榄油稍稍加热，放入沥干表层水分的菠萝片，烤至双面呈现焦色后取出。再打入鸡蛋，煎出单面蛋。

❺ 汉堡面包切成2半稍稍烘烤，依序夹入圆生菜、步骤❸的汉堡肉与酱汁、步骤❹的菠萝片、单面鸡蛋。完成。

要点 面包屑与洋葱的混合物与肉馅拌在一起。由于洋葱的量稍多一些，制作起来比较简单。

075 Tacos
🌮 墨西哥卷

在玉米粉圆饼中卷入足量馅料的墨西哥风三明治。味道浓厚的肉馅与鲜爽清脆的蔬菜搭配起来，口感无可挑剔。

材料（2人份）

玉米粉卷饼	4~5张	水	150毫升
猪肉、牛肉混合肉馅		A 番茄酱	2小勺
	100克	伍斯特沙司	1小勺
洋葱末	半个	盐、胡椒	各适量
月桂	半片	生菜	4片
盐	小半勺	番茄	1个
什锦豆	1罐（120克）	碎奶酪	1小把
辣椒粉	1大勺	酸橙、红椒	各适量
红酒	50毫升		

制作方法

❶ 中火加热平底锅，不放油而直接放入肉馅、洋葱末、月桂、盐翻炒。肉变色时，放入什锦豆、辣椒粉继续翻炒。

❷ 锅里倒入红酒和水，盖盖煮10分钟。

❸ 如果水较多，调高火煮干水分，水分收得差不多时放入A调味。

❹ 生菜切丝，番茄切丁。

❺ 依序在玉米粉圆饼上放生菜丝、步骤❸、番茄、碎奶酪后卷饼。根据个人口味挤酸橙汁、放红椒。

要点 肉馅的水分如果过多，卷饼会变软变塌，请注意适度调节高火煮干水分。

076 Bratwurst
🇩🇪 德国香肠面包

材料（2人份）
硬质小面包……… 2个　　辣酱、腌黄瓜、番茄酱
烤肠（大）……… 2根　　………………… 各适量

制作方法
❶ 平底锅中放入烤肠和50毫升水，盖上锅盖调中火煮。待水蒸干，香肠表皮焦脆时关火。
❷ 面包切开口，涂抹辣酱，夹入香肠、腌黄瓜、番茄酱即可。

腌黄瓜

材料（容易制作的量）
黄瓜……………… 1根　　水、醋 …各50毫升
A　盐 ………… 小半勺　　月桂 ……… 半片
　　白糖 …… 2大勺

制作方法
❶ 黄瓜切片。
❷ 往小锅中放入A，点火煮沸后放入黄瓜，再次沸腾时关火。盖上锅盖等待自然冷却。
※放到密封容器里，可在冰箱中冷藏1周。

较大的烤肠夹在圆形的小面包中，再放上柔和酸味的自制腌黄瓜。
配上黑啤酒，慢慢享受德国风的一餐吧！

077 Cucumber sandwich
🇬🇧 黄瓜三明治

材料（2人份）
切片面包………… 4片　　薄荷叶……………10片
黄瓜……………… 2根　　辣酱、黄油……各适量
盐……………… 1小把

制作方法
❶ 用削皮器削掉黄瓜的皮，斜向切5毫米厚的黄瓜片。把黄瓜片摆在厨房用纸上，撒上盐放置10分钟。水分腌出来后擦掉水分。
❷ 往面包片上薄薄涂抹一层辣酱，夹入黄瓜片、手撕的薄荷叶，再跟另2片抹好黄油的面包片分别夹紧做成三明治即可。

一位英国贵族曾经在享用下午茶的时候与红茶一起享用过的三明治。把黄瓜的水分彻底沥干能有更清爽的口感。再夹入一些带有清凉感的薄荷叶会更好。

要点
黄瓜去皮后，刺鼻的植物味道会减弱。黄瓜片放在面包片上，再均匀地撒些薄荷叶，超清爽口的三明治就做好了。

078 Panini
🇮🇹 帕尼尼

三明治在意大利被称为"帕尼尼"。
这次选用意大利语义为"拖鞋"的恰巴塔面包，夹入简单的
食材，做出那不勒斯风格的一款美味三明治。

材料（2人份）
恰巴塔面包（大）………………………… 1段
马苏里拉奶酪……………………………… 50克
番茄……………………………………… 半个
芝麻菜…………………………………… 2棵
A｜意大利香醋、橄榄油 ………………… 各1小勺
凤尾鱼…………………………………… 2片

制作方法
❶ 马苏里拉奶酪、番茄切成1厘米厚片。
❷ 芝麻菜切成4厘米长，与A拌在一起。
❸ 横向切开恰巴塔面包，稍加烘烤，依序夹入步
骤❷、番茄片、马苏里拉奶酪、凤尾鱼肉即可。

079 Sardine sandwich
🇵🇹 沙丁鱼三明治

营养满分的沙丁鱼与蔬菜一起夹到面包里，这让人
不禁会想起葡萄牙的路边摊。味道浓郁、口感脆爽
的炸沙丁鱼，连小鱼刺都被炸得酥软，可放心地大
口享用。

材料（2人份）

法式小面包………	2个	土豆淀粉…………	适量
沙丁鱼……………	2条	炸肉油……………	适量
盐、胡椒………	各少许	青椒………………	1个
百里香（有一点就行）		番茄………………	半个
……………………	2根	意大利香醋……	1小勺

制作方法
❶ 沙丁鱼从鱼腹处切开，去头，除掉内脏，用水
洗净。两手食指按住鱼脊骨左右分开鱼腹，折断
鱼尾处的骨头，慢慢抬起脊骨取出。用厨房用纸
擦掉部分水分。撒盐、胡椒，往腹中撒入百里
香。在鱼腹中和鱼身外撒上一层薄薄的土豆淀
粉，把鱼肉按平。
❷ 炸肉油加热到中温，把步骤❶炸焦脆后沥干油。
❸ 面包切开口，夹入切片番茄、青椒、步骤❷，
浇上意大利香醋即可。

要点

沙丁鱼的前期处理很
重要。从尾部轻轻提起
脊骨可以轻松去骨。放
入百里香可去鱼腥味。

080 Felafel
🇮🇱 法拉费

热腾腾的美味豆子炸薯饼——法拉费是以色列的国民食品。和蔬菜一起夹到口袋饼里，挤上清爽的奶酪沙司就可以开吃了。

材料（2人份）

口袋饼	1个	茄子	1根
鹰嘴豆	1罐（120克）	生菜	2片

A 盐⋯⋯⋯⋯ ⅓小勺
　孜然粉 ⋯⋯⋯小半勺
　洋葱末 ⋯⋯⋯¼个

B 老酸奶 ⋯⋯⋯ 2大勺
　盐⋯⋯⋯⋯ ⅛小勺
　辣椒粉 ⋯⋯⋯小半勺

小麦粉、鸡蛋液、面包屑、煎炸油⋯⋯⋯各适量

制作方法

❶ 鹰嘴豆放入研磨钵里捣碎。加入A，充分搅拌。

❷ 把步骤❶分成8等份捏成丸子。撒上小麦粉，裹上鸡蛋液，再裹上面包屑。

❸ 茄子切成1.5厘米的块状。把油热到中温时放入茄子，炸至金黄色时取出，再把步骤❷炸至金黄色后沥干油。

❹ 口袋饼切成2半，夹入生菜、步骤❸的茄子、炸好的薯饼（丸子），浇上搅拌好的B即可。

要点　鹰嘴豆捣碎后加入洋葱末。捣洋葱时需要注意不要过度，避免捣出洋葱汁。

081 Blini
🇷🇺 俄式薄煎饼

常与早餐、伏特加一起食用的俄式玉米薄饼，松软是其最大的魅力。来尝尝咸奶油的酸味与咸味鲑鱼籽的新鲜搭配吧。

材料（2人份）

【薄饼材料】

A 高筋面粉 ⋯⋯ 100克
　白糖 ⋯⋯⋯ 1小勺
　盐、酵母粉
　　⋯⋯⋯ 各¼小勺
鸡蛋⋯⋯⋯⋯ 1个

牛奶⋯⋯⋯⋯ 200毫升
柠檬汁⋯⋯⋯⋯ 1小勺
色拉油⋯⋯⋯⋯适量
咸奶油⋯⋯⋯⋯ 100克
鲑鱼籽⋯⋯⋯⋯适量
莳萝⋯⋯⋯⋯适量

制作方法

❶ 碗中放入A，用搅拌器充分搅拌。打入鸡蛋，倒入温热的牛奶，继续用搅拌器搅拌。加入柠檬汁。

❷ 包上保鲜膜放到温暖处放置30分钟发酵。面团有气泡形成时即可进行下一步。

❸ 中火加热平底锅，用厨房用纸往锅里涂一层色拉油，用湿厘布盖在锅底。调到中低火，将搅拌好的饼胚面团倒入锅中约一杯的量。

❹ 表面变干时翻面，再烤30秒后取出。剩下的饼胚也按此方法全部烤好（第二张之后不用再刷色拉油）。

❺ 在薄饼上放咸奶油、鲑鱼籽、莳萝后卷着享用。

※除鲑鱼子外，三文鱼、鳕鱼子也很值得一试。

要点　面团包上保鲜膜放在温暖处发酵30分钟。面团产生气泡，膨胀约一倍时就代表发酵成功了。这样烤出来会有非常松软的口感！

082 Toast sandwich
🇰🇷 吐司三明治

烘烤过的面包片中夹入蔬菜和煎蛋卷，撒上白糖做成韩国的B级美食。
淡淡的甜味很符合大众的口味。

材料（2人份）

切片面包………… 4片	车达奶酪………… 2片
胡萝卜………… 2厘米	火腿………… 2片
小葱………… 1根	白糖………… 1小勺
鸡蛋………… 2个	番茄酱………… 2小勺
盐、胡椒………各少许	
色拉油………… 2小勺	

制作方法

❶ 胡萝卜切切细丝。小葱切成碎末。
❷ 往碗中打入鸡蛋，放入步骤❶、盐、胡椒搅拌。
❸ 平底锅中放入色拉油，中火热油，倒入步骤❷。沿锅边搅拌，半熟之后关火，用饭铲从一侧把蛋卷整合成一块，取出。
❹ 烘烤面包，在2片面包片中依序夹入车达奶酪、火腿、煎蛋卷，之后撒糖。再跟另2片抹过番茄酱的面包片分别夹紧做成三明治。

直接在煎蛋卷上面撒白糖。夹上烘烤过的面包片夹成三明治后，白糖会被余热熔化，使蛋卷入口甘甜。

083 Roast pork sandwich
🇨🇳 烤猪肉三明治

甜辣味的烤猪肉三明治与面包片的味道很相符。
用上混有大料、肉桂、花椒等5类香料混合而成的"五香粉"，让三明治一下附有中国的味道。

材料（2人份）

切片面包………… 4片	辣酱（或甜辣酱）…适量
猪肉片………… 6片	白芝麻………… 1小勺
（附带的酱汁也用到）	A 蛋黄酱 ………… 2小勺
大葱………… 5厘米	五香粉 …………少许
萝卜苗………… 半包	

制作方法

❶ 在猪肉上浇好附带的酱汁，用锡纸包好，用烤炉烤2~3分钟。
❷ 斜向切出薄葱段，用水浸泡10分钟以上，再用屉布擦掉水分。去掉萝卜苗的根。
❸ 在面包片上薄薄涂抹一层辣酱，依序放好猪肉片、大葱、萝卜苗，撒些白芝麻。再跟另2片抹过A的面包片分别夹紧即可。

猪肉外面包上锡纸，放到烤炉里烘烤。这样猪肉会比微波炉烘烤更柔软多汁。

084 Mackerel sandwich
🇹🇷 青花鱼三明治

土耳其——伊斯坦布尔最具人气的街边美食三明治。
在富含脂肪的青花鱼上放上洋葱和香芹，再挤一些柠檬汁，
痛快地吃上一顿吧。

材料（2人份）

法棍面包（较软类型）		盐、胡椒········ 各少许	
·············· ⅔根		橄榄油·········· 1大勺	
洋葱·············· ¼个		生菜·············· 2片	
生青花鱼（⅓条）		意大利香芹········ 适量	
·············· 2片		柠檬·············· 2块	

制作方法

❶ 洋葱切细丝后放入60℃的温水中浸泡5分钟，再用冰水冲洗。用屉布包住沥干水分。

❷ 去掉青花鱼骨，撒上盐、胡椒、橄榄油，用烤肉网烤好两面。

❸ 法棍面包切成2段，横向切出开口，夹入生菜、烤青花鱼、洋葱、切碎的香芹。最后挤些柠檬汁即可。

要点
制作鱼肉类三明治时，鱼骨的处理最为关键。应仔细地把鱼骨彻底剔除后，再用烤肉网开始下一步。

085 Open sandwich
🇩🇰 丹麦三明治

Smørrebrød是一种在带有酸味的黑面包上放置三文鱼等食材的丹麦开放式三明治。
豪华的外表非常适合用到家庭派对中。

材料（2~4人分）

黑面包··············	8小片
鸡蛋··············	1个
樱桃萝卜··············	2个
番茄··············	半个
黄油··············	适量
烟熏三文鱼··············	8片
刺山柑··············	1大勺
莳萝··············	1根
盐、胡椒··············	各适量

制作方法

❶ 用锅煮开水，加入少量盐，轻轻放入鸡蛋煮10分钟左右。在冷水中去掉鸡蛋壳，把鸡蛋切成片。

❷ 樱桃萝卜切成薄片，番茄切成块状。

❸ 稍稍烘烤面包，涂抹黄油，放上三文鱼肉、番茄、切片水煮蛋、樱桃萝卜片、刺山柑、莳萝，最后撒盐和胡椒即可。

086 Bánh mi

★ **越南三明治**

要说越南的三明治，那就要说起以蒸鸡肉、拌萝卜丝和香菜
为主要材料的法棍三明治了。在炎热的国度，这种三明治非
常受人们的喜爱。

材料（2人份）

法棍面包（较软类型）　　　　【蒸鸡肉】

…………… ⅔根　　B│鸡胸肉 …… 200克

【拌萝卜丝】　　　　　│盐 ………… ¼小勺

白萝卜…………　　　　　│胡椒 ……… 适量

…………… ⅛根（200克）　│酒 ………… 1大勺

胡萝卜…………　　　香菜…………… 1棵

…………… 5厘米（50克）　白胡椒、越南鱼酱（或

盐……………… 小半勺　鱼露）……… 各适量

A│白糖 ……… 1大勺

　│醋 ………… 2大勺

　│红辣椒 …圈状少许

制作方法

❶ 制作拌萝卜丝。白萝卜、胡萝卜切细丝放入碗
中，加盐轻轻搅拌后放置20分钟。倒掉腌出的水
分，加入A充分搅拌后放在冰箱中冷藏一晚。

❷ 制作蒸鸡肉。在耐热容器中放入B，充分腌好
鸡肉，鸡皮朝外放置，轻轻盖上保鲜膜，用微波
炉加热3分钟。加热后稍稍冷却，拿掉保鲜膜，切
成粗条状备用。

**087 Uncured ham salad
tartine**

■ **生火腿沙拉酱三明治**

材料（2人份）

法式乡村面包…………………… 2片

鲜奶酪（奶油奶酪等）…………… 4大勺

生火腿（大）…………………… 4片

嫩叶菜………………………… 2小把

盐、胡椒…………………………各适量

橄榄油………………………… 2小勺

制作方法

稍稍烘烤面包，涂抹鲜奶酪，放上生火腿、嫩叶
菜。撒上少许盐、胡椒后浇上橄榄油。

要点

趁面包温度较高时涂
抹奶酪，这样会很好
涂抹。

❸ 法棍面包切成2块，横向切出开口，夹入蒸鸡
肉、拌萝卜丝、切碎的香菜，撒白芝麻，滴几滴
越南鱼酱即可。

在切成片的面包上任意摆放自己喜欢吃的食材，这种法式的
开放式三明治能让你吃得自由，吃得满足。

旅行与三明治

我经常在旅行中的早餐或午餐时品尝到当地特色的人气三明治。

食材、口味、吃法，从这些小小的不同里，我多多少少能感受到这个国家、这个民族的独特之处。

接下来就为大家介绍一些我在旅途中印象最深刻的三明治。

1. 在德国法兰克福某车站附近的店中，摆放着琳琅满目的三明治。2. 位于法国巴黎的一家人气薄饼店制作的三明治。蔬菜超丰富！3. 在法国勃艮第的一家酿酒厂里，他们把刚采摘的新鲜松露抹在面包上让我品尝，还搭配了红酒，非常美味。4. 德国柏林一家非常有名的三明治咖啡店。5. 英国的早餐。迷你煎薄饼和三文鱼的早餐组合。6. 土耳其伊斯坦布尔一条小船的船主正在出售青花鱼三明治。当地的这种青花鱼三明治味鲜可口，让人难以忘怀。7. 土耳其小村庄的一角。当地的妇人为我做了一份夹有菠菜的 "Gözleme" 卷饼。味道超赞。8. 在法国南部某咖啡店，有一种在面包上搭配ratatouille（炖菜）、生火腿、橄榄油的乡村面包。摆放在复古的盘子上。9. 罗马尼亚某个村子里的开放式三明治早餐。这番茄切得可真是可爱！

PART

07

*Dessert
Sandwich*

招 待 佳 品

零食三明治

水果、鲜奶油、枫糖浆与面包搭配而成的甜品三明治。

比起制作蛋糕点心，用小麦粉制作甜品三明治更轻松便捷。

吃上一口，幸福的时间便开始流转。

⬛088 Seasonal Fruits sandwich
鲜果三明治

面包的咸味和奶油的甜味组合出水果咖啡店的味道。
水果选择应季的新鲜水果。
切掉面包边，即会有一种享受美味蛋糕的感觉。

材料（2人份）

切片面包……………… 6片
蜜瓜…………………… ⅛个
桃子…………………… ¼个
无花果………………… 1个
A │ 鲜奶油 ……… 200毫升
　 │ 白糖 ………… 4小勺
　 │ 樱桃白兰地 …… 2小勺

制作方法

❶ 水果去皮，切成2厘米大小的块状，用厨房用纸擦掉水分。

❷ 碗中放入A，碗底放在冰水上，搅拌奶油（温度太高会变塌，需要保持固态）。

❸ 在面包片上涂抹鲜奶油。在3片面包片上摆放切好的水果，跟剩下的另3片面包片分别夹紧做成三明治。用手在上方轻轻挤压。

❹ 将三明治包在保鲜膜中，放至冰箱冷藏20分钟后，用稍加热过的菜刀切割成小块。

※水果可根据个人喜好更换。请使用应季水果。

要点

摆水果时尽量不要摆出太大空隙。奶油保持凝固状态时，切开三明治可以切出好看的断面。

089 Red bean paste and cheese, mango sandwich
红豆奶酪芒果三明治

红豆馅的甜味与奶酪的咸味、芒果的酸味结合，这种东西方结合的搭配吃过就不会忘。

材料（2人份）
切片面包·························· 4片
芒果（熟透）····················· 1个
奶油奶酪、红豆馅············ 各3大勺

制作方法
❶ 芒果去皮，切成3片，再切成条状。
❷ 在2片面包片上涂抹奶油奶酪，另2片面包片上涂抹红豆馅，无间隙地摆放好芒果，再分别将面包片夹在一起即可。

090 Sweet potato sandwich
甜土豆三明治

朗姆葡萄的香味和稍稍带有甜味的红薯泥，与柔软的面包是一种很好的搭配。中间夹入的葡萄干是亮点。

材料（2人份）

切片面包············ 4片	蛋黄 ············ 1个
红薯（去皮）······ 100克	黄油 ············ 10克
A｜白糖、牛奶··· 各2大勺	朗姆葡萄干········ 2大勺

制作方法
❶ 红薯去皮，切成2.5厘米宽（如果红薯太大再切一半）。用水冲洗。
❷ 锅中放入红薯和大量的水，高火煮红薯。沸腾后调小火继续煮。中途可以用竹签扎入红薯确认，能轻易扎入时便可捞出，倒掉热水。
❸ 再次把红薯放入锅中，用搅拌器捣烂。夹入A继续搅拌。
❹ 打开中火，边搅拌边等水分消失。成为较黏稠的糊状时即可关火，加入朗姆葡萄干，等待冷却。
❺ 在面包中夹入步骤❹即可。

要点 甜红薯泥酱搅拌成图中的状态，加热蒸发掉水分。用搅拌器捞出红薯泥时，红薯泥自动下落的状态为最佳。

091 Salt caramels and banana sandwich

淡盐焦糖香蕉三明治

像派一样口感的牛角面包中夹入甜咸结合的枫糖浆和香蕉。
松脆的核桃仁可以为三明治整体口感加分很多。

【咸枫糖浆】

材料（2人份）
迷你牛角面包……… 2个
香蕉……………… 2小根
咸枫糖浆、核桃仁……
………………… 各适量

制作方法
❶ 在迷你牛角面包上切出开口，夹入香蕉，浇上咸枫糖浆，撒上核桃仁。

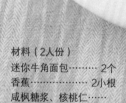

要点

砂糖变色时，关火加入鲜奶油。糖浆高温，千万注意别烫伤。

材料（容易制作的分量）

| 鲜奶油………50毫升 | 水…………1大勺 |
| 砂糖…………50克 | 盐…………¼小勺 |

制作方法
❶ 鲜奶油放入小锅中加热到快要沸腾。
❷ 在另一个锅中放入砂糖和水，打开中火。出现茶色时晃动锅，让糖浆颜色均衡。
❸ 关火后加入步骤❶的鲜奶油，停止沸腾之后加入盐，用饭铲搅拌（如果此时还有块状物，请打开小火充分搅拌至熔化）。倒到别的容器中冷却。
※糖浆装入密封容器可在冰箱中保存1个月。

要点

将法棍面包浸入糖浆时，使用带封口拉链的保鲜袋会方便得多。这样即使是少量的糖浆，也能充分地浸入面包中。

092 Baguette savarin
法棍萨瓦兰

让法棍面包沾上含有朗姆酒的糖浆。
放上鲜奶油和罐头水果，看上去很复古高档。

材料（2人份）

法棍面包	15厘米	朗姆酒	1~3小勺
水	150毫升	鲜奶油	100克
袋泡茶	1个	什锦水果罐头	1罐
白糖	40克		

制作方法

❶ 锅中倒入水，煮沸。放入茶包煮3分钟。之后扔掉茶包，加入白糖、朗姆酒，充分搅拌。

❷ 法棍面包切成4等份，在切口处豁开小口（不要穿透）。

❸ 把步骤❷放入耐热食品袋中，倒入步骤❶，封口。时不时上下翻面，等高温降低后放入冰箱冷却。

❹ 碗中放入鲜奶油，碗底接触冰水，搅拌奶油。

❺ 在法棍面包豁开的小口中灌入步骤❹的奶油，摆上沥干罐头汁的水果。

093 Lemon roll
柠檬包

以柠檬清爽的酸味、鸡蛋口味为魅力点的柠檬包。
这种柔滑的口感，当然要搭配松软的小面包。

材料（2人份）

小黄油包 …… 2个
鲜奶油 …… 50毫升
柠檬凝乳 …… 2大勺
柠檬皮 …… 适量

制作方法

❶ 往碗中倒入奶油，碗底接触冰水搅拌奶油。之后放入保鲜袋中。

❷ 小黄油面包切出开口，填满柠檬凝乳，挤上步骤❶的奶油，再撒一些碎柠檬皮。

【柠檬凝乳】

材料（方便制作的量）

鸡蛋	1个	柠檬皮泥
蛋黄	1个	半个
白糖	50克	黄油（无盐）
柠檬汁	2大勺	20g

制作方法

❶ 锅中放入鸡蛋、蛋黄搅拌，再加入白糖搅拌。打开中火，边加热边不停搅拌，直至黏稠时关火，挤入柠檬汁充分搅拌。

❷ 再打开中火，等挤过柠檬汁的混合物再次变黏稠时，倒入别的容器中。加入柠檬皮泥、黄油，趁余热搅拌黄油。

※存在密封容器中可常温保存5天，放入冰箱中冷藏可长达1个月。

要点

如果柠檬凝乳太稀，就没法夹在面包中，因此一定要加热搅拌至黏稠状。注意不要烧糊。

094 Strawberry and chocolate, marshmallow hot sandwich
巧克力草莓棉花糖三明治

细腻柔滑的食材大集合!
加热后的草莓香味非常浓郁,让美味级别产生很大提升。
最后不要忘记撒些松脆的杏仁片。
也可用香蕉代替草莓。

材料(2人份)

英格兰松饼…………… 2个
草莓………………… 4个
棉花糖……………… 5块
巧克力……………… 半板
黄油………………… 5克
杏仁片(烘烤后的杏仁片也
可以)……………… 适量

制作方法

① 英格兰松饼切成2半,草莓、棉花糖切成适当大小,随意掰些巧克力块。

② 用平底锅加热熔化黄油,松饼被切开的一面朝下摆放,盖上锅盖中小火烘烤2分钟左右。

③ 烤变色后翻面,在松饼上面依序摆放棉花糖、巧克力、草莓,再盖上锅盖,烘烤至棉花糖开始熔化。

④ 取出烘烤好的松饼,撒些杏仁片即可。

要点

为了让巧克力和棉花糖能熔化,需要盖上锅盖烘烤。盖上锅盖可以保持水分不流失,松饼在烘烤变焦后还能保留着松软的口感。

095 Kinako and chocolate, blueberry sandwich

蓝莓巧克力豆三明治

甘甜丝滑的白巧克力和香味十足的黄豆以及新鲜蓝莓的奇妙组合。

材料（2人份）

法式乡村面包·············· 薄片4片
黄豆························· 2小勺
蓝莓（冷冻蓝莓也可以）·····适量
白巧克力······················ 1板

制作方法

❶ 在2片面包上放匀黄豆、蓝莓和白巧克力，跟另2片面包片分别夹成三明治。

❷ 把步骤❶包在锡纸里，用烤炉烘烤5分钟直至巧克力熔化。

要点

白巧克力不用刻意切开，直接摆上大块即可。用烤炉加热过后，自然就会熔化。

096 Fruit and daifuku hot sandwich

水果团子三明治

软绵绵的大福饼与酸甜可口的水果搭配。
就像新式的日式点心一样美味。

材 料（2人份）

英格兰松饼··········2个	马奶提··········· 6~8粒
糯米团子··········1个	黄油··········· 5克

制作方法

❶ 英格兰松饼切成2半，放上6等份的糯米团子、马奶提，夹成三明治。

❷ 用平底锅熔化黄油，摆上步骤❶，在其上方压些重物，中低火烘烤3分钟。烤出颜色后翻面，再烤2~3分钟。

※马奶提是一种可以带皮食用的无籽葡萄。制作时可根据个人喜好用樱桃、菠萝、草莓等水果代替。

要点

切过的糯米团子摆在松饼上，放入锅中烘烤过后，糯米团子会熔化变软，与松饼成为一体。

097 Peach melba toast sandwich
烤土司罐头桃三明治

把薄薄的切片面包烤成松脆的烤土司，放上罐头桃，下午茶点风格的三明治就完成了。

材料（2人份）
切片面包·······················4片
黄桃罐头、白桃罐头···········各1片
马苏卡邦奶酪····················4大勺
黄杏酱···························2大勺

制作方法
❶ 稍稍烘烤面包，斜向切成2半。沥干罐头汁，把桃肉切成薄片。
❷ 依序涂抹马苏卡邦奶酪、黄杏酱，交替摆放好黄桃片与白桃片。

098 Coffee ice·cream sandwich
冰淇淋咖啡三明治

给香甜的蜂蜜蛋糕配上微微的苦味，恰到好处地压住了甜味。非常适合夹入甜橙口味的冰淇淋。

材料（2人份）

蜂蜜蛋糕··········2块		朗姆酒········小半勺	
A	速溶咖啡（粉）1小勺	冰淇淋··········1杯	
	温牛奶·······1大勺	甜橙皮碎末········半个	

制作方法
❶ 充分搅拌A，熔化咖啡。
❷ 蜂蜜蛋糕切成2半，在切口处涂抹步骤❶。
❸ 把冰淇淋稍加搅拌至软化，撒入甜橙皮碎末再稍加搅拌。
❹ 在步骤❷中夹入步骤❸，包上保鲜膜放至冰箱冷冻。

要点

用勺子在蛋糕上涂抹混入朗姆酒的咖啡。这样就能把三明治做出绝妙的甜度。

099 Condensed milk and lemon sandwich
炼乳柠檬三明治

带有柠檬味的酸甜炼乳抹在面包上。
加上肉桂的香味，这便是一款美味的小零食。

材料（2人份）
切片面包……4片
A｜炼乳……2大勺
｜柠檬汁……2小勺
｜柠檬皮碎末……少许
肉桂粉……适量

制作方法
❶ 充分搅拌A（炼乳与柠檬酸产生反应，变成较凝固的酱状）。
❷ 烘烤面包，在2片面包片上涂抹步骤❶，撒上肉桂粉，再跟另2片面包片分别夹紧即可。

要点

如果只用炼乳会比较稀，加入柠檬汁后，炼乳可乳化成酱状，更容易抹到面包上。

100 Orange ganache sandwich
香橙甘纳许三明治

在奶油包中夹入甘纳许和鲜橙肉。
稍加装饰，这款三明治就会像个小蛋糕一样。拿来奖励自己吧。

材料（2人份）
奶油包…… 2个　　鲜奶油……50毫升
香橙…… 半个　　薄荷叶……适量
巧克力……50克

制作方法
❶ 削去橙子外皮后，剥出鲜橙肉。
❷ 巧克力切成小块放入碗中。
❸ 往小锅中加入鲜奶油煮沸，倒入步骤❷的碗里。静置10秒左右开始用搅拌器搅拌巧克力。冷却过后加入橙子皮，再次搅拌，使巧克力奶油混入空气。
❹ 切开面包，涂抹步骤❸，夹入鲜橙肉和薄荷叶即可。

要点

往巧克力上倒下加热过的鲜奶油能加速巧克力熔化，待冷却后搅拌使其混入空气。

盛放三明治的容器

三明治做好之后，我有时会犹豫把它放到什么容器里。就像精心挑选衣服那样，请您试着为三明治挑选最搭配的容器吧。
有了般配的容器，三明治也会更加美味的。

星谷女士推荐的餐具

白盘

建议至少拥有一个纯白色无花纹的盘子。这种盘子适合盛放一切三明治，日常使用很是方便。——星谷女士最喜欢的是从法国跳骚市场买来的复古风白盘。

黑盘

摆放含有紫甘蓝等颜色鲜艳的食材，非常适合招待客人。也适用于典雅的夜宵时间使用。星谷女士很中意的黑盘是作家二阶堂明弘老师的陶瓷盘。

复古盘

星谷女士的大部分盘子都是复古风格的。纤细的表面花纹与触感，还有淡黄的烟熏色充满魅力。为了调和盘子展现的氛围，星谷女士喜欢在上面盛放食材。

木盘

家常便饭式的简易三明治，放在木盘上是再好不过的了。木盘能让食材看上去更贴近自然状态。星谷女士喜欢的木盘是日本的工艺品。

和式盘

和式盘=吃日餐常用的盘子。这种盘子与三明治也很般配。星谷女士很喜欢作家铃木藤起子的青色盘子，喜欢享受容器与食材的配色。

篮子

让人联想到野餐的精致小篮子。垫上蜡纸盛放三明治，会更容易清洁。

结束语

小时候，每周日的早饭都一定会是三明治。

在薄薄的面包片上摆上生菜、黄瓜、番茄、火腿、鸡蛋沙拉、金枪鱼沙拉等

各种各样食材的开放式三明治。

家人自由地选择食材，开发着更新鲜的美味组合，让我非常乐在其中。

我的印象很深刻。

那段时光的记忆，让我看到三明治便会想到幸福的餐桌。

光是听到"三明治"这个词，我的心中都会涌起温暖。

"我做了三明治哦！"

如果有人这样对我说，我一定会喜欢上他！

最近我常去朋友的家中聚餐，这使我制作三明治的机会多了很多。

携带轻便、食用便捷、打包方便，分享起来更是简单。

有着这么多优点的指尖食品——三明治，我觉得这是一种充满关怀、亲和的食品。

是不是说得有些夸张了呢？

愿手中拿着这本书的馋猫读者们能够享受到更美味、更快乐，充满笑容的每一餐。

愿幸福的餐桌能够出现在每一个人身边。

星 谷 菜 菜

本书由日本株式会社主妇之友社授权北京书中缘图书有限公司出品并由河北科学技术出版社在中国范围内独家出版本书中文简体字版本。

著作权合同登记号：冀图登字 03-2015-076

版权所有·翻印必究

图书在版编目（CIP）数据

每日三明治 / （日）星谷菜菜著；王添翼译 . -- 石家庄：河北科学技术出版社，2016.1（2021.6 重印）

ISBN 978-7-5375-8115-8

Ⅰ . ①每… Ⅱ . ①星… ②王… Ⅲ . ①西式菜肴—快餐—食谱 Ⅳ . ① TS972.158

中国版本图书馆 CIP 数据核字 (2015) 第 256683 号

每日三明治

[日] 星谷菜菜　著　　王添翼　译

策划制作：北京书锦缘咨询有限公司（www.booklink.com.cn）
总 策 划：陈　庆
策　 划：陈　辉
责任编辑：杜小莉
设计制作：柯秀翠

出版发行　河北科学技术出版社
地　　址　石家庄市友谊北大街 330 号（邮编：050061）
印　　刷　河北文盛印刷有限公司
经　　销　全国新华书店
成品尺寸　170mm × 240mm
印　　张　6
字　　数　37 千字
版　　次　2016 年 2 月第 1 版
　　　　　2021 年 6 月第 10 次印刷
定　　价　32.00 元